高等教育建筑类系列规划教材

建筑空间设计与建筑模型

主　编　崔陇鹏
副主编　黄奕博　张天琪
参　编　钱　强　李红艳　景若岩

机 械 工 业 出 版 社

本书的内容主要针对建筑学低年级建筑设计课程，书中通过介绍建筑空间设计的方法以及建筑模型在设计中的应用，来引导建筑学低年级学生认知建筑概念、掌握建筑空间设计基本方法以及通过建筑模型来研究与表达设计。本书借鉴了瑞士苏黎世联邦理工学院等著名建筑院校建筑设计课程体系，强化设计中对于环境、空间、材料与建造的理解。本书属于西安建筑科技大学“新学科”建筑设计基础课程教材建设项目（YLZY0101J02），作为普通高等院校建筑学专业教师及学生用书。

本书配有授课 PPT 等资源，免费提供给选用本书的授课教师，需要者请登录机械工业出版社教育服务网（www. cmpedu. com）注册下载。

图书在版编目（CIP）数据

建筑空间设计与建筑模型/崔陇鹏主编. —北京：机械工业出版社，2019. 9

高等教育建筑类系列规划教材

ISBN 978-7-111-63619-9

Ⅰ. ①建… Ⅱ. ①崔… Ⅲ. ①空间-建筑设计-高等学校-教材②模型（建筑）-设计-高等学校-教材 Ⅳ. ①TU2

中国版本图书馆 CIP 数据核字（2019）第 189958 号

机械工业出版社（北京市百万庄大街 22 号　邮政编码 100037）
策划编辑：李　帅　责任编辑：李　帅　臧程程
责任校对：孙丽萍　封面设计：马精明
责任印制：李　昂
北京瑞禾彩色印刷有限公司印刷
2020 年 1 月第 1 版第 1 次印刷
184mm×260mm · 7. 75 印张 · 190 千字
标准书号：ISBN 978-7-111-63619-9
定价：44. 80 元

电话服务
客服电话：010-88361066
010-88379833
010-68326294

网络服务
机　工　官　网：www. cmpbook. com
机　工　官　博：weibo. com/cmp1952
金　书　网：www. golden-book. com
机工教育服务网：www. cmpedu. com

前 言

本书的内容主要针对建筑学低年级建筑设计课程，书中通过讲述建筑空间设计的方法以及建筑模型在设计中的应用，来引导建筑学低年级学生认知建筑概念、掌握建筑空间设计基本方法以及通过模型更好地研究与表达设计。本书所说的建筑设计是以建筑空间为核心的设计方法，其弱化了建筑的功能性问题，而更加注重设计环节中的环境、空间、材料、建造等部分，以及建筑的场景营造等问题。

本书共分为5章，第1章主要介绍本课程国内外教学体系与教学现状；第2章主要介绍空间是什么、建筑空间是怎么形成的；第3章主要介绍建筑空间如何组织，其规律是什么；第4章主要介绍建筑空间设计方法与步骤；第5章主要介绍建筑空间品质如何提升、建筑场景如何营造、图纸与模型如何深入表达等。

本书所推荐的是“以设计过程为中心”的设计教学法。通过空间操作练习与模型设计，学生可以了解建筑空间的基本属性及建筑空间的基本形成规律，在进行建筑空间设计时能灵活运用各种空间类型和设计手法，并形成一套理性的、具有逻辑性的设计方法。

本书是在借鉴了瑞士苏黎世联邦理工学院等著名建筑院校设计课程体系，以编者多年教学改革与尝试形成的系统的设计课程体系为基础编写的，其特点是课程注重对学生的思考与创造能力、理性分析能力以及图纸表达能力的培养。

本书内容体系最大的特色在于对建筑的空间、材料及其建造方面的探讨，而对空间和材料的一体化操作使得材料研究有可能真正地丰富和调和对于空间的优先考虑。正是在这种对材料与空间关系研究的基础上，通过运用真实材料制作建筑模型并模拟建筑的建造过程，并从光影、材料、构造等方面完善建筑设计，对于让学生在建筑学低年级的课程中认识建筑的本质，有着至关重要的意义，同时，也可以让学生对于建筑的建造过程有更深刻的理解。

此外，本书还强调了在设计过程中对建筑模型的制作与表达。模型制作的意义不仅仅在于表达构思，更在于推进设计过程与模拟建造过程。在设计中，通过分阶段用模型来模拟场地环境、建筑形体与空间的生成、不同材料的搭配、建造层次与建造过程，来强化对于环境、形体、材料与建造的理解。可以说，建筑模型在设计环节中有着不可替代的重要作用。通过在模型制作中对材料的熟练运用与亲身参与性体验，最后达到对空间与材料的共同认知与“全知觉”体验，让初学者对建筑设计有全新的认识与深刻的理解，并激发其空间想象力和创造力，为将来的学习打下坚实基础。

编 者

目　录

第1章　绪论

1.1 空间设计教学体系

1941 年，希格弗莱德·吉迪恩的《空间、时间、建筑》是建筑空间论的奠基之作，从此建筑设计领域空间超过了实体，也超过了技术、功能、形式等诸要素。1957 年意大利建筑学理论家布鲁诺·赛维的《建筑空间论》更是强调空间是建筑的主角。

自 20 世纪以来，以“九宫格”和“方盒子”议题为代表的现代建筑空间设计与教学研究在全世界范围内产生了广泛的影响。柯布西耶的“多米诺结构”和凡·杜斯堡的“空间构成”分别代表了现代主义建筑提出的两种基本空间图式。就其空间构成要素与结构的关系来看，“多米诺结构”是从结构框架出发，作为某种基本单元，潜藏着空间限定的可能性。“多米诺结构”与“空间构成”反映了现代建筑对于“结构—空间”这一问题的反复探究（见图 1-1）。在建筑形式的研究中，美国的建筑教育组织“德州骑警”也以九宫格设计为基础，排除了形式与功能的特定关联，借用结构主义和语言学的方法探讨建筑空间形式的自律性研究。其后，美国纽约库珀联盟组织成员海杜克以及苏黎世高工的郝斯利等人进行了一轮又一轮的教学改革。在现代主义建筑教育“设计模式”的基础上，确立了空间形式研究在现代建筑中的核心地位，并通过分析现代主义大师作品背后隐含的普遍规律，将这种“普遍规律”发展为“可教”的知识体系，进而形成了现代意义上的建筑学教学体系。

1.1.1 国外的“空间设计”教育体系

自 20 世纪初，“空间”和“设计”这两个词汇就已被现代建筑界广泛使用。与此同时，现代建筑发展中出现了一些空间设计的新方法和新原则，它们对现代建筑的发展产生了巨大的影响。20 世纪 50 年代，在美国的德克萨斯州，以伯纳德·郝斯利和柯林·罗为代表的一批年轻人重新审视现代主义建筑的传统，探索和改革现代建筑的学习方式。他们后来被称为“德州骑警”。“德州骑警”以传授现代建筑设计方法为目标，其现代建筑及空间的教学具体体现为对一系列的设计过程和设计练习的重视，以此训练学生理解和掌握现代建筑设计。在这些设计练习中，对后来的建筑空间设计教学影响较深的有著名的九宫格练习以及其后发展出的方盒子练习。从空间设计教育的历程上看，可以分为以下四个阶段：

1. 空间原型——柯布西耶的“多米诺体系”

事实上，现代主义设计对立方体盒子的关注由来已久。它体现了建筑几何体量的纯粹性，去除了装饰因素的影响。这种对纯粹几何体量的自觉追求更早可追溯到新古典主义时期，但在现代建筑的意义上，则是建筑师路斯开辟了应用方盒子的先例。这一做法后来在柯布西耶那里得到了发展，他于 20 世纪 20 年代提出了多米诺和雪铁龙住宅，作为某种基本的对象类型，在雪铁龙住宅的设计中，柯布西耶首次做出了典型的夹层式双层生活空间，该房屋每端一个开间，且由两面横向承重墙及一个平屋顶组成，是一个可以用作住房的真正方盒子。它是现代技术和艺术概念的结合，既符合工业化生产的需要，也反映出对新材料、新结构、新的空间形式的追求（见图 1-1）。

2. 空间构成——凡·杜斯堡：风格派

对于现代建筑来说，除了简洁的几何形式控制外，方盒子的重要性还体现于其简单形体中所蕴含的空间形式的丰富性。对这种丰富性的进一步讨论则与现代建筑空间设计的两个基

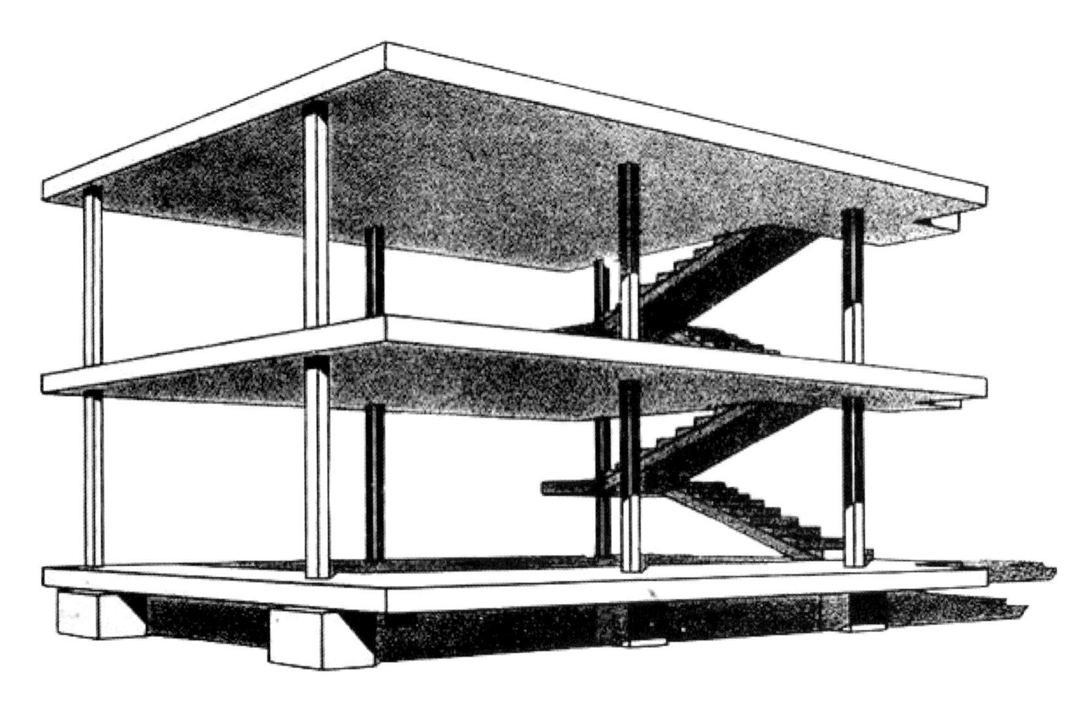

图1-1 柯布西耶的“多米诺结构”

本图式有关：一是，柯布西耶的多米诺框架结构，以框架的形式支撑起基本的形体和空间单元。结构支撑和空间限定得以相互分离，出现了自由平面和自由立面的概念。二是，风格派代表人物的凡·杜斯堡的空间构成。它基本上是一种反立方体的盒子，摈弃了体块的概念，将限定立方体盒子的六个面相互分离，使其成为在三维空间的各个方向上相对自由穿插的水平面和垂直面（但同时也起到结构作用），从而出现了连续的空间流动，并在某种程度上打破了形体内外的空间分隔（见图1-2）。

3. 空间操作——“德州骑警”：九宫格练习

20世纪50年代美国的“德州骑警”九宫格练习，从空间形式设计的角度对上述现代主义空间设计的基本方法做出回顾和总结，并将其运用于教学实践。在教学中，它首次借助预设的框架和形体要素（水平面和垂直面），将上述两个基本图式置于同一个设计练习中，并由此开创了一种被称为装配部件式的空间设计和教学模式。“德州骑警”在美国德州大学奥斯汀建筑学院的教学改革，探讨建筑内在的空间形式，实现了“现代建筑设计可传授”。通过对现代主义发展的回顾，在对大量经典建筑图解分析的基础上，逐渐形成一套建筑基本元素解析、空间构成练习以及建筑设计的基本程序，让学生掌握现代建筑设计的基本方法，使设计从强调个人感受转变为在一定限制条件下的模式化设计。让学生在面对新的、不熟悉的环境时，依然具备解决新问题的能力。让建筑设计成为一种方法、一个过程，实现现代建筑的可教性。

4. 空间建构——伯纳德·郝斯利和约翰·海杜克：库珀联盟与苏黎世体系

方盒子与九宫格练习，虽然对认识和操作空间具有重要的作用，但在一般的理解中，它越来越趋向于一种抽象的形式空间训练。这种训练如果缺乏新的发展以及艺术研究方面的配

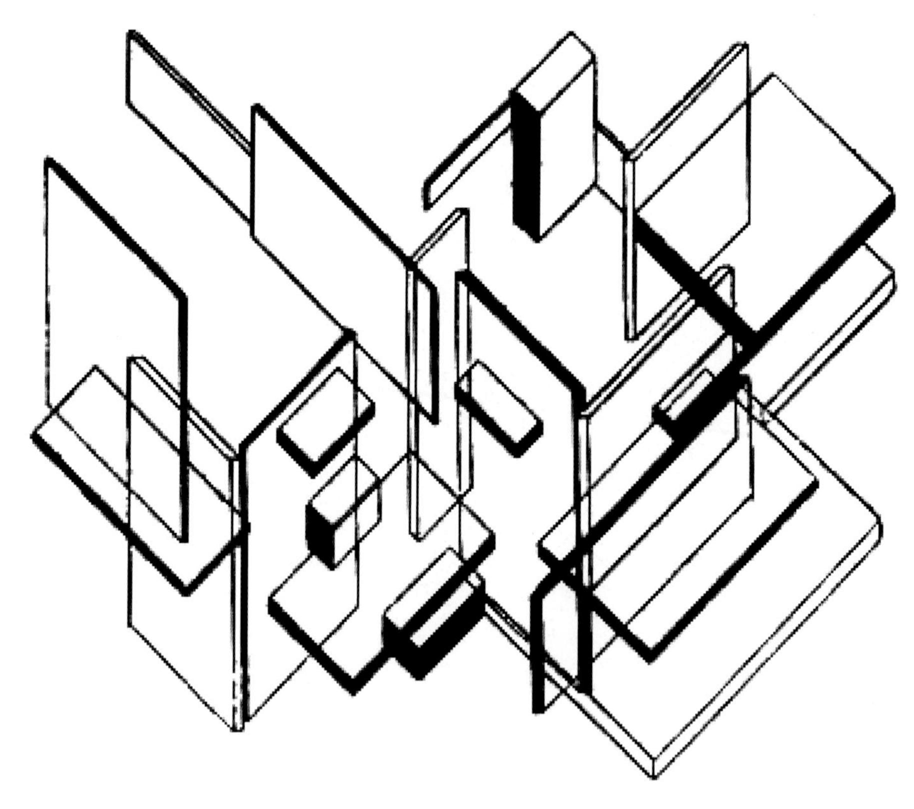

图 1-2　凡·杜斯堡的“风格派”

合，则会过于简化，显露出过于抽象的一面。在这样的背景下，海杜克本人在到库珀联盟后转向了“叙事”的方式，在某些方面弥补了装配部件趋于抽象化方面的不足，并希望在这种情况下继续发挥装配部件的意义，以提供一个基础的讨论平台，并利用其操作性的意义，将其与各种具体问题的讨论联系起来。郝斯利在苏黎世瑞士联邦高等工科大学的教学，则继续发展了他的建筑设计教学，该课程分为建筑设计、构造、绘图与图形设计三个相互作用的部分。其继任者赫尔伯特·克莱默则将建筑设计与构造两门课程合而为一，将建筑设计课程发展成一套以空间为主线的课程，内容包括文脉环境和材料结构因素在内的结构有序的教学体系，形成所谓的苏黎世联邦理工学院建筑设计课程体系（简称 ETH 课程体系）。与此相对的，则是彼特·艾森曼的一系列建筑形式研究，也是以九宫格为基础，但排除了形式与功能的特定关联，而走向形式本身的操作和转化。

事实上，无论是早期的“多米诺体系”和风格派，还是后来的“德州骑警”，其对基本形体和空间组织的相关研究，都是基于深厚的文化艺术造诣。各体系中大多数人本身就是艺术家或是对艺术史有着相当深入的研究，这与他们对图面、建筑、空间和抽象几何形式的理解都是密不可分的。

1.1.2　国内的“空间设计”教育体系

近年，香港中文大学的顾大庆教授指导的“建构工作室”，设定“块”“板”“杆”三种基本的建构要素。他们研究其形式操作的生成过程，发展了一种“形式——空间”的建构教学。同时，顾大庆发展了“空间与形式”教学，并将香港中文大学作为建筑设计教学研究的主要基地，每年对大陆的教师进行培训。

2007年，东南大学建筑设计教育也开始了新一轮的教学改革。东南大学设计课的教学改革沿用了“空间与形式”关系教学，将“空间”这一建筑本体直接纳入基础训练中，弥补了包豪斯用于工业产品设计而未深入建筑本体的形式训练的不足，并且通过直接的模型操作，将长期以来只能通过“领悟”的方式学习的建筑设计变成了可以“传授”的建筑设计方法。

随着新的建筑理念、模式和空间的出现，要求在原有教学体系中注入新的内容，东南大学建筑系朱雷老师带领的教学团队，在这样的背景之下，探讨在空间操作之外，在设计中带入真实建筑元素，例如场地、材料、体验等具体的设计问题，其认为建筑空间设计需要回归建筑的基本语言，回归材料与建造，回归现代建筑空间设计需遵循的内在逻辑以及进一步探索与思考对现实环境的感知等问题，以摆脱纯粹的形式操作练习，力求建筑设计回归场所与身体。

2016年以来，西安建筑科技大学的建筑学设计基础教学，采用了分解式教学法。在传承和延续其原有空间构成与空间操作两大部分课程内容的基础上，结合自身的教学特色，将“建构”与“叙事性”的内容引入课程教学体系中。采用“分解式教学法”与“模型操作法”，将建筑空间设计方法系统化和“可教化”。与此同时，还结合建造特色，在模型设计环节中引入水泥、木材、夯土等真实建筑材料。以反模、浇筑、榫卯搭接等方式模拟真实建造，让学生理解真实建筑的建造逻辑及营建方法（见图1-3）。

图1-3　水泥浇筑建筑剖面模型

1.2　模型教学的现状与改进

建筑模型制作早期主要应用在一些重要工程项目中，具体是在方案设计完成以后，制作展示模型，用于项目申报、展示、陈列等。而在建筑方案设计过程中，概念模型、工作模型的应用还很少。由于建筑市场和建筑设计专业课程的需要，我国建筑类高校大都开设了建筑模型制作课程，其教学模式大多以强调“制作”为主。这种教学体系受到法国巴黎美术学院“布扎”教学思路的影响。注重所选对象的经典性，强调精细的制作工艺。因而我国建筑教育的初始阶段培养了一大批基本功扎实、建筑设计能力强的设计人才。以下就我国各大高校近些年来的模型教学与建造实验课程进行简单介绍。

1.2.1　模型教学的现状

建筑设计中的模型教学法是国外和国内都普遍采用和提倡的建筑学教学方法之一。在建筑学界具有普遍的共识和不言而喻的重要性。近些年来，全国各大建筑学院努力地探索模型教学的方法，在低年级教学中通过立体构成与抽象空间练习、大师作品分析、实体空间搭建竞赛等方式，促使学生通过模型制作学习建筑设计，但是仍存在诸多的问题与不足，有待对模型教学进一步改革。

1. 模型制作课程——大师作品分析

大师作品分析是各建筑院校基础课程中对于模型制作较为深入的一次练习，是数十年来建筑教学中最基本和经典的方法（见图1-4）。但是，目前的大师作品分析采用的教学模式是先让学生熟悉模型材料和工具，然后再找一个大师作品让学生做一个建筑模型，教学的重点放在模型制作工艺上，即注重模型做得精细与否，未对设计过程进行理解，成了一次模型制作课程，没有真正发挥建筑模型课程本身的作用。

2. 模型实验室——模型加工场所

各大建筑学院已经拥有自己的模型加工实验室（简称，模型室），其中不乏各种大型的加工设备，但是模型室在教学中的利用率却相当低。更令人担忧的是，模型室仅仅作为最终成果模型加工的场所，与教学环节没有直接的关系，这就造成学生对模型表现的依赖，而不去思考建筑的设计与生成过程。

3. 建造实验课程——实体空间搭建竞赛

以下就我国各大高校近些年来的模型教学与建造实验的课程进行简单介绍。

天津大学的“空间建构”课程以塑造学生们对空间的感知能力为出发点，开展了强调对空间层次认知和训练空间想象力的课程。并希望从空间设计的实体建造的角度出发，讨论如何建立建造与构造教学之间的联系，最终形成了在“建造工艺学”视角下对构造课程改革的思考。

在杭州，中国美术学院开展了木工、砌砖、夯土等一系列成体系的建造课程。希望通过让学生接触传统的基本建造工艺，对当今建筑教育中对建筑师身份的定义进行反思和批评。

西安建筑科技大学自2003年起开展了“实体空间搭建竞赛”，进而联合西安交通大学、长安大学、西北工业大学、西安美术学院组织“陕西省大学生实体空间搭建大赛”，其目的在于强调材料与构件对空间的限定与架构，训练学生思考结构特性和空间形式的关联，完成

图1-4 大师作品分析课作业——海边图书馆模型

从空间概念到空间设计的过渡。

东南大学和苏黎世联邦理工于2010年，进行的“紧急建造/庇护所”教学，在传统建造教学的基础上加入了对建筑物理环境的考虑。

2017年8月，由UED组织的国际高校建造大赛，以真实材料进行真实建筑的营造。让22个建筑院校团队对二十多个当地的旧民居建筑进行改造，并采用当地传统的砖、木、土等材料，将竞赛升级为名副其实的建造大赛（见图1-5）。

2018年，同济大学举办国际建造节，通过塑料中空板等材料搭建构筑物。各种各样的竞赛提高了学生对空间、材料与建造之间关系的认知以及建造实际建筑的能力。

但是，近些年来实体搭建及建造活动仅仅作为竞赛和课外学习，没有形成系统的教学理论与方法，对建筑设计课程方向调整亦缺乏直接的指导。尤其是在低年级的教学中，由于缺少对于材料的认知以及系统的建造知识，无法让学生较为全面地认识建筑，只是通过图样对建筑进行认知，常常会形成一种一知半解、以简单代替复杂的建筑设计思维。

1.2.2 模型教学的改进

当下建筑设计中模型教学的改进，主要需要从“模型制作”向“模型操作”发展。两者的区别，模型制作重心在于模型表达，而模型操作重心在于设计方法与材料应用，模型操作首先基于对空间生成的练习，是传授现代建筑设计的一个有效工具。通过模型操作来练习建筑设计的基本要素：梁、板、柱、线、面、体等。此外，练习又不仅限于这些基本要素，更重要的是通过基本练习来了解材料、结构与空间的关系，并且来研究抽象形式和具体构件之间的各种对话关系。模型操作练习还实现了模型与制图中具体的建筑元素同抽象形式之间

图 1-5　国际高校建造节二等奖作品，西安建筑科技大学的“山间茶语”

的转化，并训练学生将二维平面转化为三维空间的能力，以此来逐步熟悉建筑设计中的建筑空间元素以及在不同维度上的空间转化，更有利于让学生理解建筑空间、结构以及形式之间的内在逻辑关系（见图 1-6）。

空间操作是学习空间设计最有效的方法之。它反映的是设计的全过程。它探索的是如何在设计中连续地、选择性地、创造性地建立一种秩序。在一系列课程中，学生先熟悉设计的基本过程，了解设计的基本元素，在获得更多的实际经验后，开始自己去思考该建立怎样的空间形式秩序和视觉效果。最后能够独立分析设计任务，解决建筑的功能、形式问题。

模型操作是空间操作的最基本的方法，其常与手绘图一起使用，将设计者的意图呈现给对方。与电脑模型和图纸比较，对于初学者来说模型操作有以下的优势：

1）直接性——手与大脑的直接关联。

2）模糊性——方案的多种可能性。

3）尺度感——在模型操作中，始终具有抽象比例的存在。

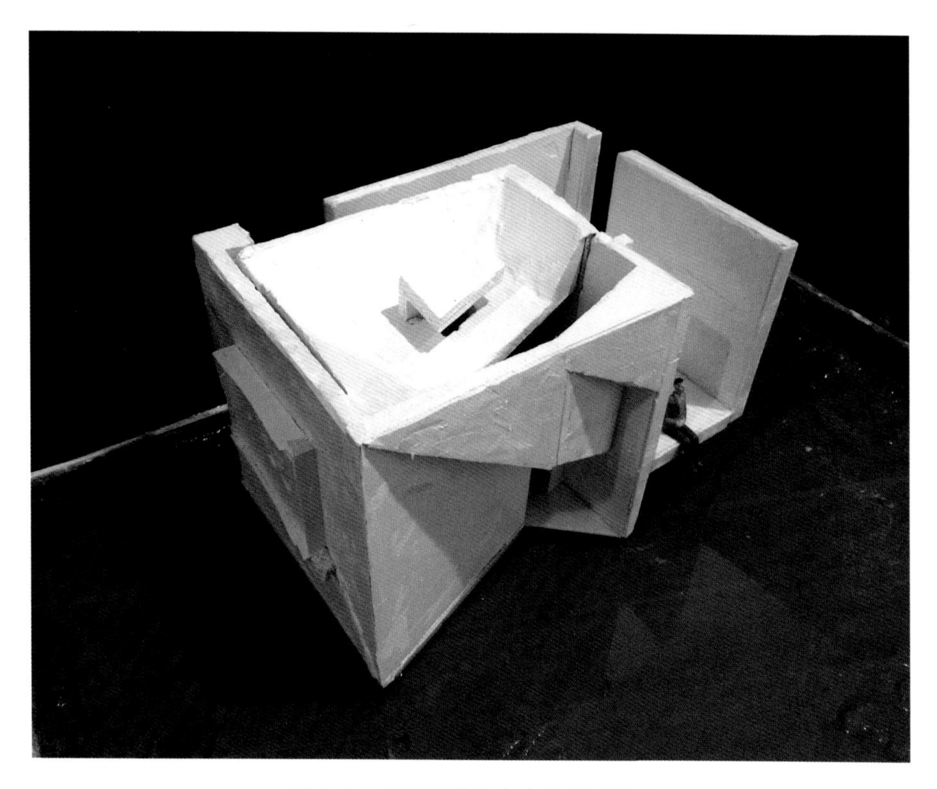

图1-6 以空间操作方法进行的设计

4）空间感——直观的多角度观察。

模型操作练习的意义，还在于二维与三维空间之间相互关系的直接转化，尤其是平、立、剖面这些正投影图与轴测图之间的相互关系，从而更多地探讨三维空间的问题。

1.3 课程建设与教学方法

建筑空间设计课程的定位是以空间研究和模型操作为核心，在教学中应采用分解式教学法、模型教学法来强化和完善课程建设，其不仅需要多个课程之间的相互配合，还需要从低年级到高年级形成一个完整的、系统的垂直教学体系。

1.3.1 课程体系建设

在五年的建筑学课程建设体系中，建筑空间设计课程承担了重要的作用。该课程不仅是其他几年建筑设计课程的基础，还具有基本功练习、设计启蒙、培养兴趣、激发创造力的作用，同时还让学生学习初步的设计方法与思路，培养他们理性的思考方法与认识问题的能力。所以，该课程的建设在强化了空间设计方法的同时，还应对接其他各年级的教学，使其成为一个完整的、系统的垂直教学体系。建筑设计教学中将空间命题的探讨分为两类：空间的产生与空间的组合，即通过探讨空间限定与空间组合方法，由内而外地研究空间与形体的关系。同时，对应高年级每个学期的任务和目标，形成从单元到组合的循环练习体系。

低年级建筑设计课程的设置，主要是对空间的认知与掌握，需要认识建筑、认知空间、建立空间尺度概念和感受；学习设计基础知识和初步设计方法，了解空间和形态的基本要素，在此基础上设计满足简单功能需求的单一空间。同时学生需要熟悉空间的限定手法以及限定元素，熟悉光线对空间的塑造和呈现，通过对空间的重复、叠加、并置等操作来实现建筑空间对功能的响应，同时尝试建立空间和形态的统一。在空间的组合与秩序环节的练习中，需要掌握空间的封闭与开放、固定与可变、静态与动态、私密与公共、确定与模糊、交错与层次等，并通过空间设计操作响应场所的特征，初步达成空间和形态的基本统一。

在高年级设计课中，学生还需要理解建筑领域中“材料”的概念，理解材料与物质世界的关系；认识自然材料人工化的意义；感受在人体感官下材料的美；理解材料性能与建造的关系；认识几种建筑材料（钢、混凝土、木、砖）的力学性能；学习材料建构的基本逻辑；认知几种基本建筑材料的优缺点；学习材料的几种基本连接原理与方法；探讨建构与形式美的规律，并从结构、构造、建造等角度认知材料的建构；探讨材料建构支承部件：墙、拱、柱的方式方法；探讨墙、柱、拱等的建构形式美与建构规律；探讨墙与窗、墙与楼梯、墙与屋顶、墙与楼面、墙与地面的建构关系与建构方法。

材料与建造是建筑空间设计的延伸，也是建筑设计的难点，但还是应该在低年级建筑课程中，以适当的、比较简单的方式引入建筑设计环节，让学生认识到建筑设计的全过程，并体会真实建造与模拟设计之间的关系。同时，在建筑设计课程中将模型研究与建筑设计相结合，可以增强学生对建筑设计的兴趣（见图 1-7）。

图 1-7　低年级设计环节的材料与建造

1.3.2　分解式教学法

传统的教学体系中强调设计的整体性，而忽略了设计的理性思维过程。建筑学低年级课程中的设计教学面对的是建筑初学者，不同于高年级的设计训练，他们并不具备扎实的建筑知识，对于设计本身也无清晰的认识。这一现实情况要求建筑设计教学应充分尊重学生学习的特点，制订与之相协调的教学计划。

在教学法中要注意以下几点：首先，分解教学内容，将繁复的建筑知识系统分解成一个个知识要点，渐进式地在教学过程中向学生介绍，这样更加有利于学生对于知识的吸收；其次，教学训练设置的连续性，单个训练之间不应彼此独立存在，教学设计者应当抓住其内在的联系，通过教学知识的反复应用，将前一阶段中所学的知识在后一阶段训练中反复巩固应用，并强化学习效果；最后，训练难度的层级性，设计训练应该是一个由易及难，由简单到复杂阶梯式的发展过程。

近年来，香港中文大学、东南大学、西安建筑科技大学在基础教学中，都采用“分解式教学法”，如香港中文大学将设计过程分解为抽象、操作、材料、建造（见图1-8），让学生分步骤地学习设计的全过程，建立清晰的设计思维模式，通过分解式教学体系，可以让学生分阶段地学习建筑设计的每一个步骤。

图1-8 香港中文大学的分解教学

1.3.3 模型教学法

除了“分解式教学法”以外，当代的教学还很重视“模型教学法”，让学生从建筑的空间、材料、构造等环节出发多层次地探索设计方法。该教学法也不同于传统模型制作课程，需要从以下几个方面进行改变：

1. 从“模型表现”向“模型操作”转化

建筑模型制作课程教学不应该停留在“制作”这个层面上，应该将模型设计作为方案设计中最常用的一种方法，通过模型来完成方案生成、空间推敲、材料光影、构造设计等环节，并采用阶段性分解练习的方式，让学生由简到难地掌握建筑设计过程。

建筑模型制作课程与建筑设计课程相结合，可以使学生在刚刚接触建筑学习时，就建立起三维模型的概念，这样可以更直观地展示建筑各个方面，增强学生对建筑设计的兴趣；还可以与建筑物理、建筑设计、形态构成等课程相结合，既可以让建筑模型制作这门课程本身内容更加丰富、有趣，并可以促进其他课程的良性发展。

2. 从“建构”出发进行建筑设计

在建筑模型制作课程教学中，从建构出发，用水泥、夯土、木材等建筑材料进行缩尺模型的搭建和模拟建造活动，让学生感受真实的建造过程与空间，不仅仅将模型作为表现形式，更作为重要的设计方法和体验手段（见图1-9）。

图1-9　浇筑模型的拆模过程

与此同时，教师还可以在学生熟悉材料及掌握工具使用方法的基础上，加入新的模型制作种类，如建筑节点模型、构造模型、剖面模型等，节点模型在制作比例上可采用1∶20或更大的比例。这些特殊模型的引入，必然会让学生学会运用新的制作材料和工艺，这样学生的制作手段就不再单一，选用材料的范围也会扩大，从而扩大学生的视野，提高学生对模型制作的兴趣。

总之，在建筑空间设计课程的教学中，教师可以通过指导学生运用不同的材料建造模型，来解决各种材料的建构问题，并重视学生的实践和分析能力的培养，充分调动学生的主动性，激发学生的创造力，让学生在设计中有意识地养成过程分析的习惯，为他们的未来职业生涯奠定一个良好的基础。

第 2 章　空间的概念及其产生

2.1 空间的概念、空间与形式

认识空间是建筑空间设计中最为重要的环节。本节对空间的概念、空间的要素、空间与形式等进行说明，并以此为基础阐释空间与场所的关系。

2.1.1 空间的概念

空间是和形体相对的，空间借助实体而获得。空间本身并没有具体的形态，而是由人的感知形成的。如将墙、柱等各种形体进行不同的排列组合就会形成各种不同的空间。空间可分为内部空间与外部空间。内部空间从物质的角度来说，是实体限定下的不可见的虚体。从人的感觉的角度来说，内部空间是实体暗示出的视觉“场”。外部空间是从自然中限定自然，有目的创造的外部环境。

空间的产生源自空间的限定，空间限定要素正是建立在三维坐标的概念上。在建筑设计中，只有对空间加以目的性的限定，才具有实际的设计意义。从空间限定的概念出发，建筑设计的实际意义，就是研究各类环境中各种物体以及它们之间的关系与审美问题。通过操作实体可以获得空间，而通过不同方式的限定可以获得不同的空间（见图 2-1）。

图 2-1　空间的限定

抽象的空间要素点、线、面、体，在建筑设计的主要实体建筑中，表现为客观存在的限定要素。建筑就是由这些实在的限定要素：地面、顶棚、四壁围合成的空间，就像是一个个形状不同的盒子（见图 2-2）。我们把这些限定空间的要素称为界面。界面有形状、比例、尺度和式样的变化，这些变化造就了建筑内外空间的功能与风格，使建筑内外的环境呈现出不同的氛围。由空间限定要素构成的建筑，表现为存在的物质实体和虚无空间两种形态。前者为限定要素的本体，后者为限定要素之间的虚空。从建筑设计的角度出发，建筑界面内外的虚空具有设计上的意义。空间的实体与虚空，是存在与使用之间辩证而又统一的关系。显然，从环境的主体（人的角度）出发，有限定要素比无限定要素更具实际的价值。

图 2-2　空间的产生

2.1.2　空间与形式

在建筑设计中，常用到的最基本的要素就是建筑的顶面、墙面、基面。一个面沿着非自身方向延伸就变成体。而形式就是体所具有的基本的、可以识别的特征。在建筑中，容积可以被看作空间的一部分，由墙体、地板、顶棚或屋面组成和限定，也可以看成一些空间被建筑体量所取代。许多建筑实例都表明，作为实物耸立于地景中的建筑形式，可以解读为占据空间的容积。

埃德蒙·N. 培根曾在《城市设计》中这样讲过：“建筑形式、质感、材料、光与影的调节、色彩，所有要素汇集在一起，就形成了表达空间的品质或精神。建筑的品质决定于设计者运用和综合处理这些要素的能力，室内空间和建筑外部空间都是如此。”《建筑：形式、空间和秩序》一书中，对形式做了这样的解释：“形式是内部结构与外部轮廓以及整体结合在一起的原则”。形式通常是指三维的体量或容积的意思，而形状则更加明确地指控制其外观的基本面貌，即布局或线条的相关排列方式以及勾画一个图像或形式的轮廓。形式有规则的和不规则的。规则的形式是指各组成部分之间以稳定的和有序的方式彼此关联的形式，主要指球体、圆柱、圆锥、立方体等。不规则的形式是指各组成部分在性质上不同且以不稳定的方式组合在一起的形式。不规则形式具有不对称性，更富有动感（见图 2-3）。在处理建筑时既要处理实体，又要处理虚空，所以规则形式可能包含在不规则形式之中；同样，不规则形式也可以被规则形式围合起来。

图 2-3 多个不规则形体的组合

形式和空间是对立的统一，实体形式与空间形式之间产生共生关系。而建筑形体出现在实体和空间的结合上。空间连续不断地包围着我们。通过空间的容积，我们进行活动、观察形体、听到声音、感受清风、闻到百花盛开的芳香。然而，空间天生是一种无形的东西。它的视觉形式、它的尺度、它的光线特征——所有这些特点都依赖于人的感知，即我们对于形体要素所限定的空间界限的感知。当空间开始被体量要素所捕获、围合、塑造和组织的时候，建筑就产生了。

因此我们既要关注包含空间容积的实体形式，也要关注容积本身的形式。如位于空间围护形体上的洞口，其尺寸、形状和位置影响着一个房间的围合程度、景观视线和光影。空间围合的程度，决定于其限定要素的造型和洞口的图案，对于人感知其形体和方向具有重要影响。阳光透过墙面上的窗户或屋顶上的天窗射入空间，太阳的辐射能量落到房间内的各个表面上，使其色彩充满生机并表现出它们的质感。由于太阳发出的光线强度是相当稳定的，其方向是可以预知的，因此光作用于室内表面、形体和空间的视觉效果，取决于围护物上窗户和天窗的大小、位置和方向。景观视线的引入同样如此，窗户和天窗洞口为室内及其环境之间建立起一种视觉联系，这些洞口的尺寸与位置决定了景观的特征，以及室内空间所具有的视觉私密性的程度（见图 2-4）。因此，在建筑本身中，建筑的各个要素的形式和空间是息息相关的，它们之间是互动和共生的。建筑中不能限定单一的空间范围或空间容积，一般的建筑物总是由许多空间形式组成的，这些不同功能的空间通过相似性或运动轨迹相互联系起来，形成新的建筑群体。只有在形式和空间中寻求和谐，寻求创新，才能创造出更适合人居的场所或建筑。

图 2-4 光线、材料与空间

2.1.3 空间与场所

“场所”是建筑领域最为重要的名词。“场所”在某种意义上，是一个人记忆的一种物体化和空间化。城市规划师也把它叫作地方感，或可解释为“对一个地方的认同感和归属感”。可以说，场所是由空间、材料、环境、人物等多种要素共同组成的，而空间作为最主要的部分，将所有的物质都收纳其中，并形成合力展示出来，形成一个具有意义的人类空间。

诺伯舒兹在《场所精神——迈向建筑现象学》一书中认为，建筑是赋予人“存在的立足点”的方式。人的基本需求在于体验其生活情境是否有意义，艺术作品的目的则在于“保存”并传达意义。肯特·C. 布鲁姆与查尔斯·W. 摩尔在《身体，记忆与建筑》中说道：“我们人类的世界与我们的居住场所构成的世界，二者之间的相互作用总是不断变化的。我们制造的场所是对我们曾经历过的感受的表达，即使这些感受来自我们已经建成的场所。但在这一过程中，无论我们是自觉的还是无意识的，我们的身体以及我们的动作都在与建筑物进行着不断的对话。”

可以说，场所是空间的深层次表达，是空间精神性的体现，是人类生活的载体，其不仅包含着外在的物象，更体现着人类的记忆、价值与存在的意义。

2.1.4 阶段性任务：空间认知练习

1. 设计内容

在6m×6m×9m的立方体上利用掏挖、开窗、开洞形成一个空间，并利用各种不同的材料，研究其内部空间。

2. 教学目的

灵活运用模型操作方法；学习空间生成的基本方法；了解空间，了解光与空间的关系，了解材料对空间的作用，了解人的需求与空间的关系，了解空间与场所的关系，了解内在空间与外在形体的关系。

3. 任务要求

（1）模型要求

需要完成不同阶段的模型制作，先以花泥、纸板等制作初步模型，再用水泥、石膏、木头等材料完成最终模型。并拍照、绘制平面图及空间意向图。

（2）图纸要求

最终成果为两张A2图，图纸中需要展示一天中不同时间房屋的光影照片、房间内不同角度的空间感知图、空间生成过程图、带有光影关系的剖面图。

（3）完成时间要求

两周时间。

4. 教学案例

（1）原点空间

该设计通过在立方体上掏挖、开窗、开洞等方法形成一个空间并利用石膏浇筑模型，形成一个具有尺度感和空间感的场所，并让光源从不同角度射入来研究房间的内部空间效果（见图2-5、图2-6）。

图 2-5　原点空间——平面、剖面以及不同时间的光影

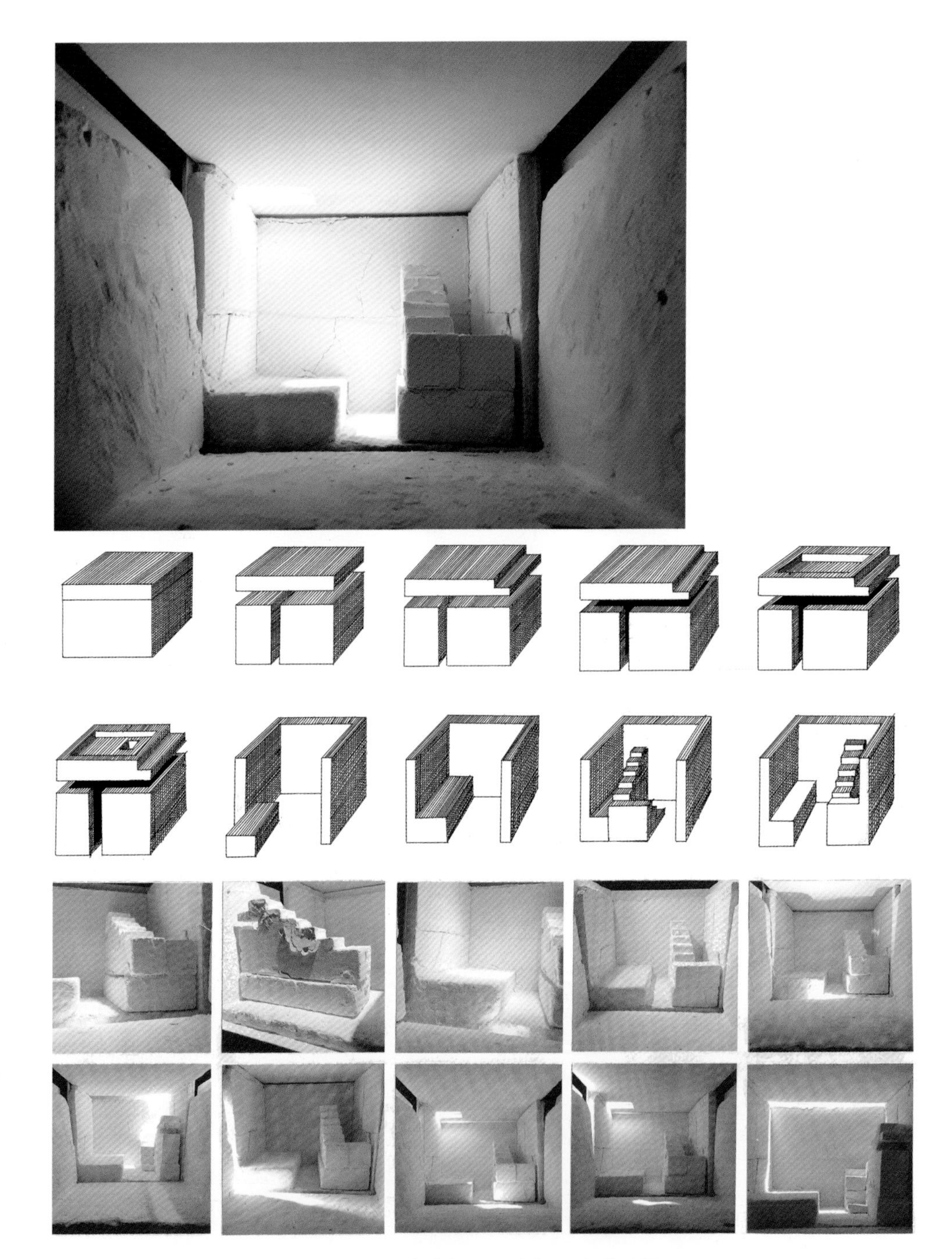

图 2-6　原点空间——空间的生成过程

（2）镜头

该设计通过在立方体上掏挖、开窗、开洞等方法形成空间。利用石膏、木材机理的对比，形成一个具有纵向进深感的空间，并让光源在内部空间形成丰富的效果（见图 2-7、图 2-8）。

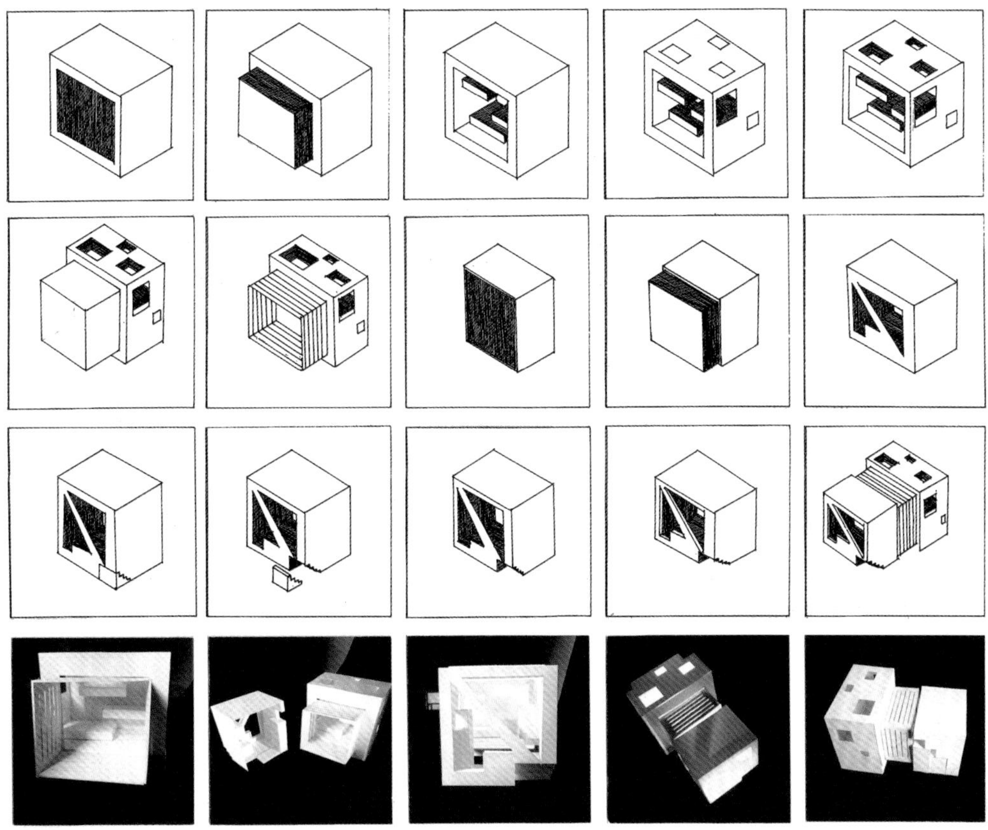

图 2-7　镜头——空间的生成过程

图 2-8　镜头——平面、剖面以及不同时间的光影

2.2　空间限定

2.2.1　空间限定的概念

空间是建筑设计的核心。从早期的学者希格弗莱德·吉迪恩与布鲁诺·赛维开始，有非常多的学者致力于现代建筑空间理论的研究，这些理论研究工作更多的是将目光放在“认识空间”上。在《建筑：形式、空间与秩序》一书中，程大锦认为现代建筑空间形式理论中对于建筑空间的认识所采用是一种受风格派影响的“要素”的观点，即从建筑空间的基本元素点、线、面以及体出发，将空间还原为基本的造型要素来加以分析、研究。

从形态构成的观点看，空间限定是由点、线、面、体占据、扩展或围合而成的三度虚体，具有大小、色彩、形状等视觉要素，以及质感、触感等感官要素。空间限定的三要素为线、面、体，空间限定就是用线、面、体对空间进行划分与再定义，其三者的关系为：线与线组合变为面、面与面组合变为体、体消减变为面、面消减变为线（见图 2-9）。

2.2.2　空间限定的要素

建筑中表现为实物的空间限定要素呈现出四种形态：地面、柱与梁、墙面、顶棚。地面是建筑空间限定的基础要素，它以自身的边界限定出一个空间的场。柱与梁是建筑空间虚拟的限定要素，它们之间存在的场构成了通透的平面，可以限定出立体的虚空间。墙面是建筑空间实在的限定要素。它以物质实体面的形态存在，在地面上分隔出两个场。顶棚是建筑空间终极的限定要素，它以向下放射的场构成了建筑完整的防护和隐蔽性能，使建筑空间成为真正意义上的室内。

空间限定场效应最重要的因素是尺度。空间限定要素的实物形态本身和实物形态之间的尺度是否得当，是衡量建筑设计成败的关键。协调空间限定要素中场与实物的尺度关系，是最显建筑设计师功力的课题。

2.2.3　空间限定的方法

空间限定的方法一般可分为线限定、面限定、体限定三种：

1）线限定是指由线状元素在空间中进行限定，如空间中的柱和梁，杆件空间中视线具有良好的穿透性，通过柱子的疏密形成一种“调节性”的空间。

2）面限定即通常所谓的墙板（垂直板）和楼板（水平板）限定，其可以分为水平面限定和垂直面限定两种（见图 2-10）。水平限定要素主要是建立在基本面的基础上，通过升起、下降以及顶面的方式获得不同的变化。垂直要素则限定空间容积的各侧面，包括独立的垂直面、L 形面、平行面、U 形面等（见图 2-11）。

3）体限定是边界围合的体块对空间进行占据与限定。体限定与面限定的区别是体限定的空间形状十分明确，表面是连续的，是一种容积性的空间限定，也是限定感最强的一种限定方式。通常体限定后再采用挖洞与开敞的方式进行深度设计。

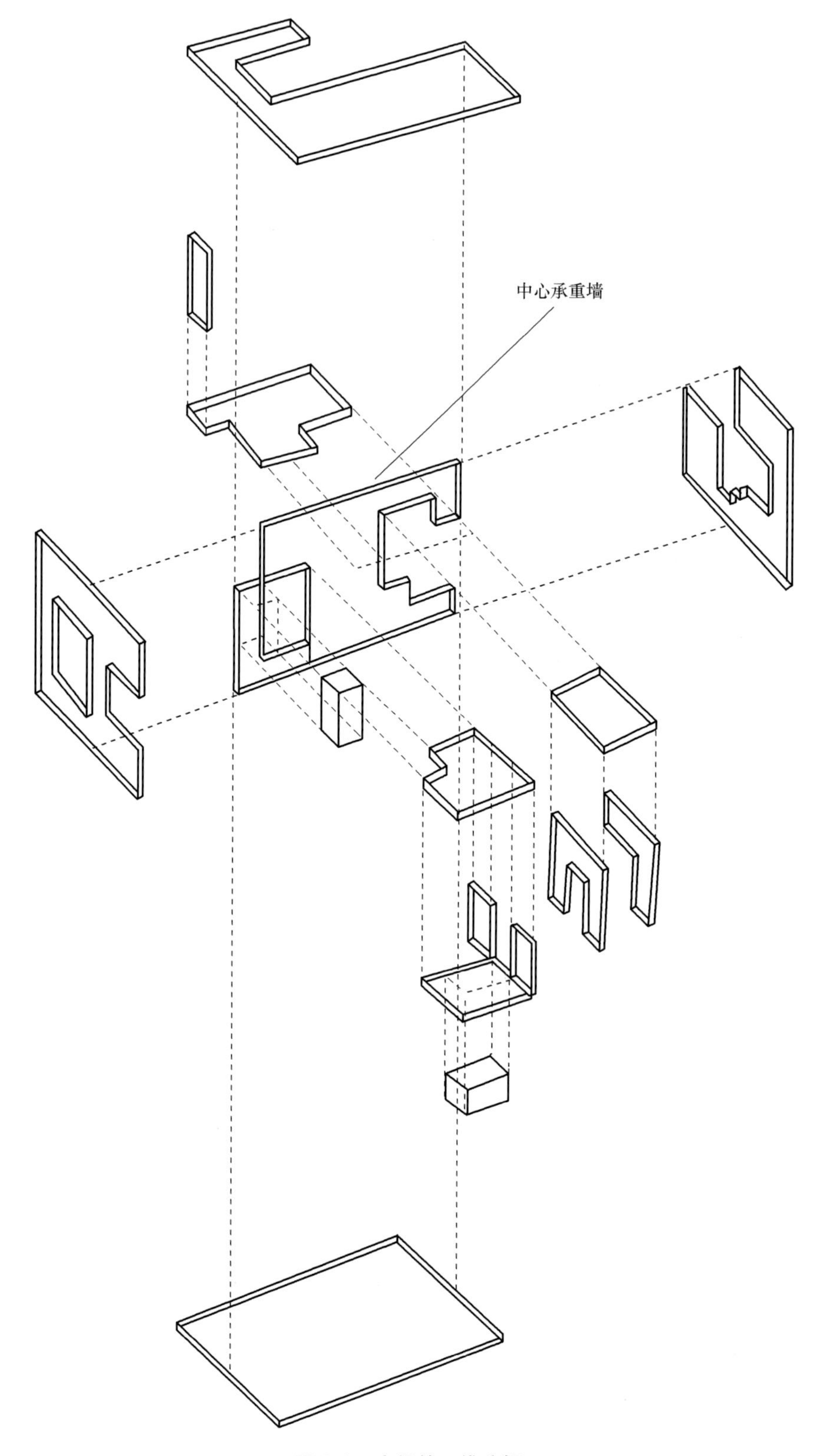

图 2-9　空间的三维分解

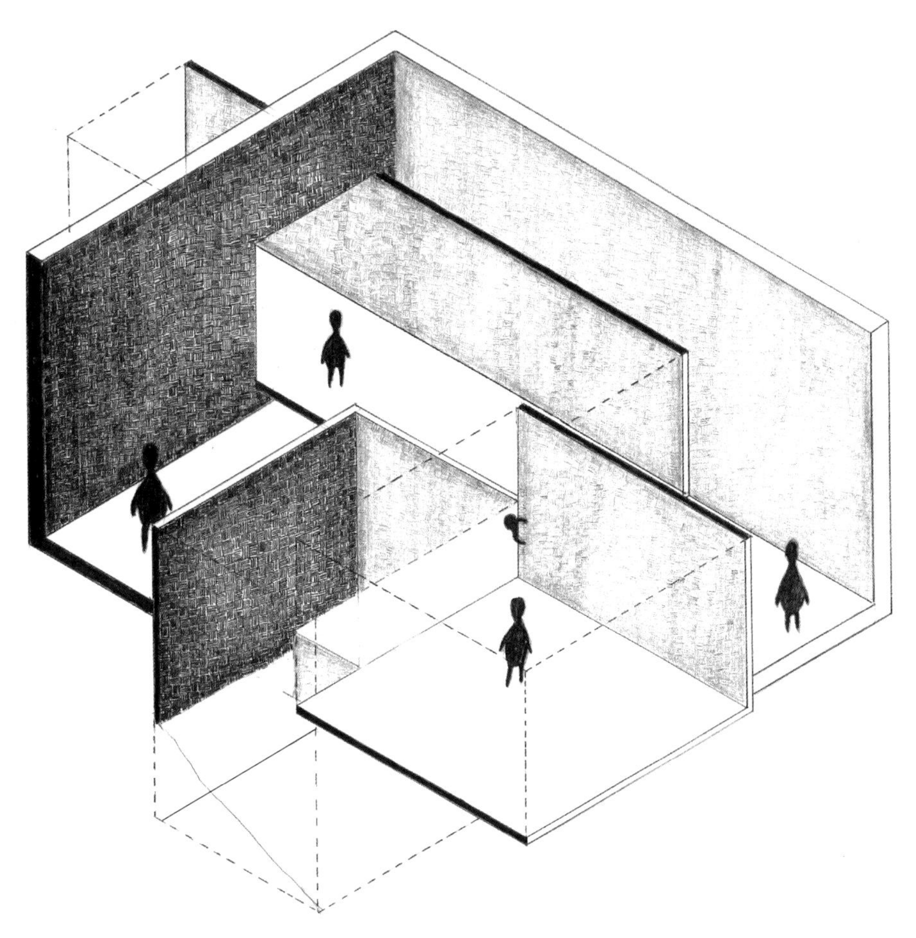

图 2-10　空间限定及其要素

图 2-11　L 形板片的组合与限定

2.2.4 阶段性任务：空间限定练习

1. 设计内容

本次的课题以校园内的外部空间环境设计作为基础，通过在校园内选取不同的地块，在现实环境中对空间进行调研，并进行实际的测量，然后进行空间限定与方案设计。在实际环境中练习空间限定的方法，其不仅是对真实环境与空间尺度的认知，更是设计与真实场所的对接。

2. 教学目的

了解建筑设计的基础手段——限定空间；学习空间限定的基本手法；了解线、面、体等限定要素在空间塑造中的运用；学习现场调研分析的方法以及运用建筑图示语言对空间的抽象性进行表达。

3. 教学环节设置

首先，该设计强调对于地块空间尺度的认知、对于材料与环境的认知；其次，在设计阶段重视对空间与场景的营造，重视整体环境与限定要素的关系；最后，在表达阶段采用模型表达，重视光对于环境的渲染。该教学环节可以划分为空间与环境认知、概念设计与空间限定、模型制作与表达三个阶段（见图2-12），具体如下：

（1）调研阶段——空间与环境认知

空间认知与解读是本设计课程的第一步，搜集并整理场所的各种信息，然后对场所的空间属性进行分析研究，以确定设计的主题。

（2）设计阶段——概念设计与空间限定

想法与手法的练习是建筑学课程中的重要环节。手法通常指通过对线、面、体限定要素的运用与空间操作，达到理想的空间效果，进而体现自己的设计概念。

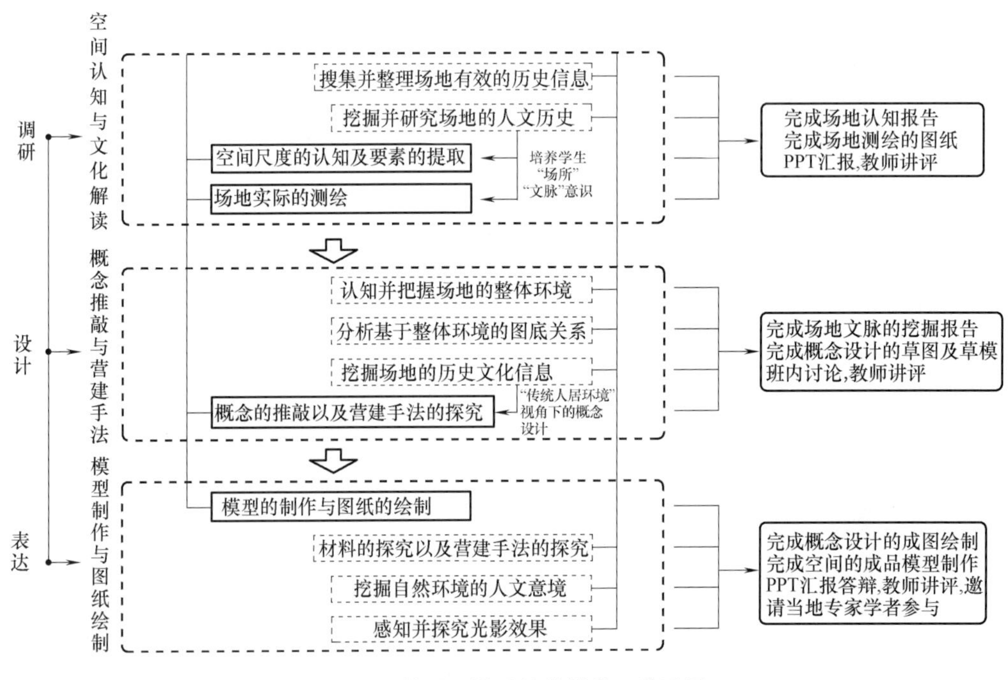

图2-12　校园环境设计的教学环节设置

（3）表达阶段——模型制作与表达

材料选择与场景营造是表达阶段最为关键的一个环节。营造主要强调建筑构筑物与自然空间的融合，并深入挖掘场所的意境。

4. 作业案例

该案例选择在西安建筑科技大学老图书馆遗址处进行设计。因老图书馆建于西安的地裂缝上，所以在西安地下水位下降时产生了塌方，造成建筑毁坏，仅仅留下了一个台阶遗址，周边树林环绕。本设计的目标是为学校设计一处纪念性空间。本设计基于校园老图书馆的遗址与地裂缝，通过对空间环境的营造来突出其纪念性主题和人文意义。

首先，对周边的地形进行测量，对环境进行尺度感知，然后对场所的空间属性与历史事件进行分析研究，以确定纪念性主题——对水资源利用的警示与对老图书馆遗迹的展示。

其次，选取空间限定的方法。利用空间透视原理，通过连续的 L 形片墙，组合成老图书馆侧面山墙的剪影，利用石头填充地裂缝的遗址，并在老图书馆的遗址上营建轻型的眺望台，使得人们通过台阶登临其上，来回望整个空间。

最后，进行材料选择与空间塑造。设计者将两边的地形抬高，使得整个纪念性空间位于 Z 形谷中，并在两侧的坡上植松柏树，形成一个半封闭的空间，强化了线性的地裂缝与向前的空间序列，并于两侧布置点状与线状光源，模仿天文星象，寓意自然与人的生活的紧密关系。

整个设计经过多轮的方案探讨与模型推敲，最终采用以模型为主，图样为辅的表达方式，建筑模型及其背景形成统一的以黑白灰为主色调的肃穆的空间气氛，并通过灯光的布置与材质的精心选择来营造整个场所的空间意境（见图 2-13 ~ 图 2-16）。

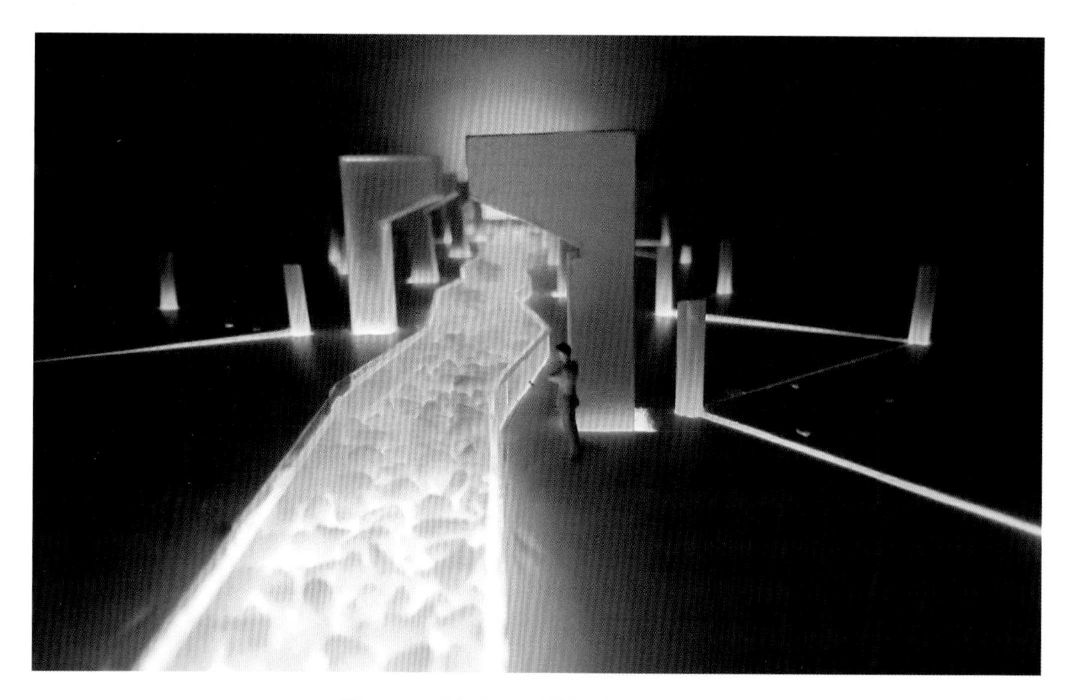

图 2-13　“祭台 · 裂缝”晚上局部透视

图 2-14 “祭台 · 裂缝”晚上整体透视

图 2-15　“祭台 · 裂缝”白天整体鸟瞰

图 2-16　“祭台 · 裂缝”人视图

2.3　空间的类型与特征

2.3.1　空间的类型

空间因其不同的属性有很多种分类方法，如根据其边界开放程度可以分为开敞与封闭，根据其可达性分为私密与公共等。而对空间的各种属性的定义都是相对存在的，如动态与静态、积极与消极等。

1. 开敞空间与封闭空间

开敞空间与封闭空间是相对而言的，开敞的程度取决于有无侧界面，侧界面的围合程度，开洞的大小及启用的控制能力等。开敞空间和封闭空间也有程度上的区别，如介于两者之间的半开敞和半封闭空间。它取决于房间的使用性质和周围环境的关系，以及视觉上和心理上的需要。

开敞空间：开敞空间是外向型的，限定性和私密性较小，强调与空间环境的交流、渗透，讲究对景、借景、与大自然或周围空间的融合。它可提供更多的室内外景观和更大视野。在使用时，开敞空间灵活性较大，便于经常改变室内布置。在心理效果上，开敞空间常表现为开朗、活跃。在景观关系和空间性格方面，开敞空间是收纳性的和开放性的。

封闭空间：用限定性较高的围护实体包围起来，在视觉、听觉等方面具有很强的隔离性，其空间特征具有领域感、安全感、私密性等心理效果。

2. 动态空间与静态空间

动态空间与静态空间的划分主要是从空间的流线与视觉连续性上进行区分和说明的。

动态空间：也称为流动空间，具有空间的开敞性和视觉的导向性，界面组织具有连续性和节奏性，空间构成的形式富有变化和多样性，使视线从一点转向另一点，引导人们从"动"的角度观察周围事物，将人们带到一个由空间和时间相结合的"第四空间"。开敞空间的连续贯通引导视觉流通，空间的运动感在于塑造空间形象的运动性上，更在于组织空间的节律性上。

静态空间：一般来说形式相对稳定，常采用对称式和垂直水平界面处理。空间比较封闭，构成比较单一，视觉多被引到一个方位或一个点上，空间较为清晰、明确。

另外，若空间内包含着动态因素，如有瀑布、喷泉等称为动态空间，反之，称为静态空间。

3. 私密空间与公共空间

私密空间的特点是空间范围明确，私密性较强，具有安全感；公共空间的特征是空间范围不明确，私密性弱，可达性强。公共空间适应各种频繁、开放的公共活动，其特点是空间的一面或几个面与外部空间渗透。

4. "灰空间"

建筑空间有内部空间、外部空间、"灰空间"之分。"灰空间"又称为模糊空间，它的界面模棱两可，具有多种功能的含义，空间充满复杂性和矛盾性。"灰空间"常常介于两种不同类型的空间（如室内与室外，开敞与封闭等之间）。由于"灰空间"的不确定性、模糊性、灰色性，从而延伸出含蓄和耐人寻味的意境，多用于处理空间与空间的过渡、延伸等。对于"灰空间"的处理，应结合具体的空间形式与人的意识、感受，灵活运用，创造出人们所喜爱的空间环境。

5. 积极空间与消极空间

日本建筑师芦原义信在其著作《外部空间设计》中将建筑空间分为从周围向内收敛的空间，和以中央为核心向外扩散的空间。由外部空间建立起从边界向内的秩序，并在边界内创造出满足人的需求和功能的空间，这种空间称之为积极空间；而相对的，从中央向四周无限延伸的离心空间，认为其是消极空间。这说明一个积极的空间首先应该是建立起一个完好的、向内的、有秩序的围合的空间，以及在一个消极的自然环境中有积极的空间秩序的建构。

2.3.2　空间的特征

形体是可以触摸的，空间只能被感知，需要通过形体所限定形成的范围去描述空间的特征，如尺度、比例、形状等都是衡量空间及其构成要素大小的主要标准。可以说，空间是具有抽象的精神性的无形之物，而实体是具有物质性的有形之物。空间与实体具有双重性与正反性，是建筑学的核心问题，如何从设计角度出发进行空间操作，是现代建筑空间设计研究的重要命题。

1. 空间尺度

在大自然中，空间是无限的。但是，在这无限的空间中，又可以看到人们正在用各种手段取得适合自己所需要的空间。我们的室内设计研究的空间是建筑内部空间，这种空间是一种人为的空间，它是由墙、地面、屋顶、门、窗等围成的建筑内部的空间。而从柯布西耶的人体尺度图可以看出，人体本身具有完美的黄金比模数，而外界的尺度都是以人自身的尺度为基准进行计算的（见图 2-17）。

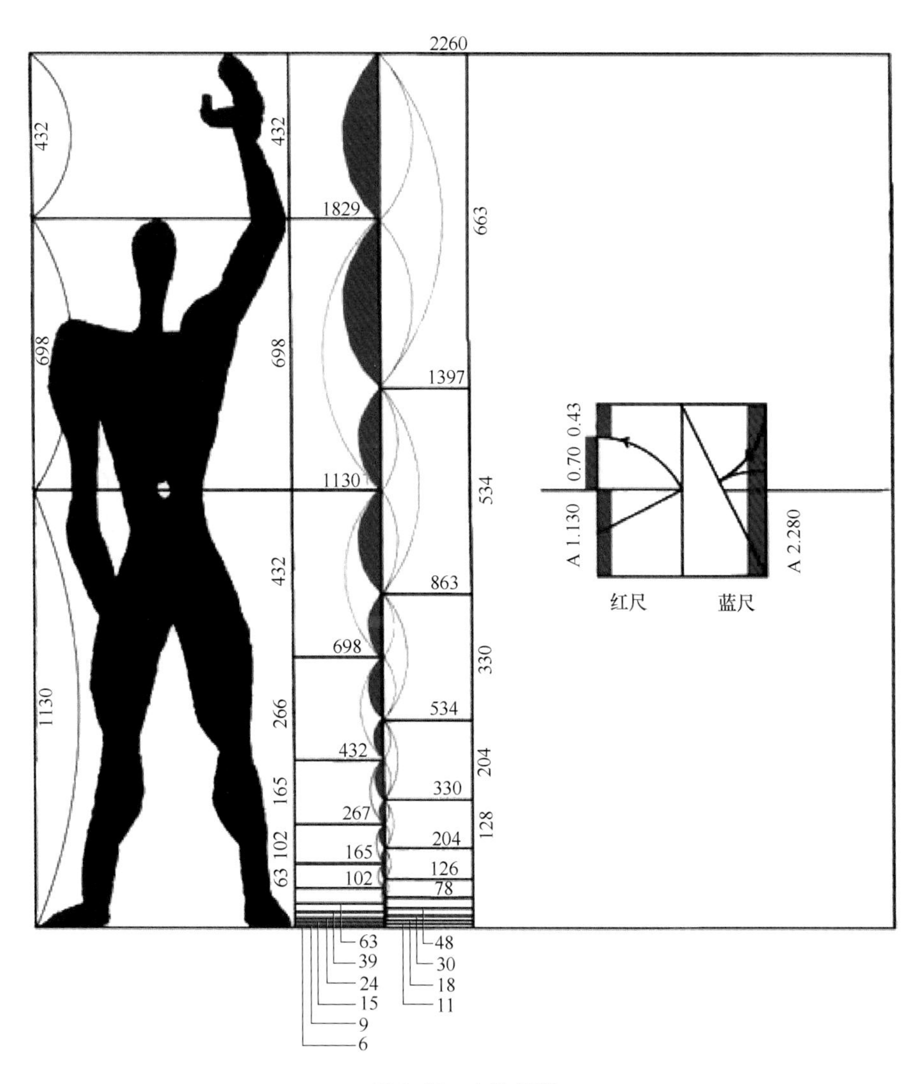

图 2-17　人体模数

不同的空间可使人产生不同的感受。在建筑空间的设计中，空间尺度感应该与空间的需求性一致。小空间易使人产生亲切感，大空间给人一种宏伟博大的气氛，如带有政治性和纪念性的大建筑，都需要巨大的空间才能满足。

空间的高度对于精神感受的影响很大。这可以从两个方面分析。一种是绝对高度，即以人为对比物。过低会使人感到压抑，过高会使人感到空旷、不亲切。另一种是相对高度，即空间的高度与面积的比例关系。相对高度越小，顶面与地面的引力感就越强。巧妙地利用空间的尺度特点，可以有意识地使人产生某种心理，或把人的注意力吸引到某个确定的方向。

2. 空间比例

空间的比例是空间的长、宽、高之间的不同比值。窄而高的空间会使人产生向上的感觉，高而直的教堂就是利用它的形状来形成宗教神秘感以及崇高雄伟的艺术感染力的。低而宽的空间会使人产生侧向广延的感觉，利用这种空间可以形成一种开阔博大的气氛。细而长的空间会使人产生向前的感觉，利用这种空间可以造成一种无限深远的气氛。不同形状的空间会使人产生不同的感受，因此，在设计空间形状时必须把功能使用要求与精神感受方面的要求统一起来考虑（见图2-18）。

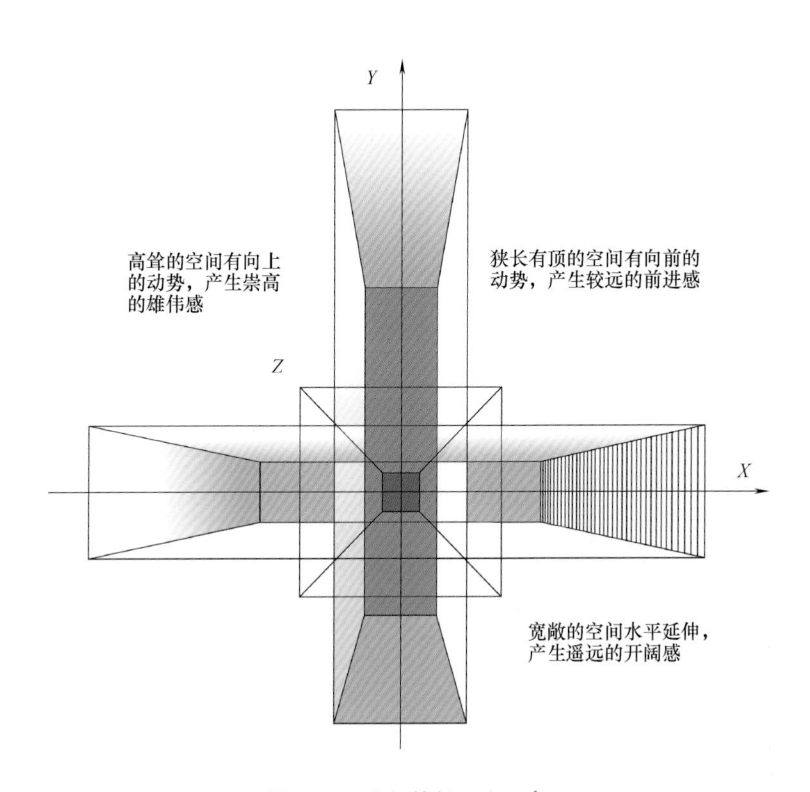

图2-18　空间的长、宽、高

3. 空间的关联性

空间的关联性是空间之间的渗透与层次关系。所谓空间的渗透与层次就是在分隔空间时，有意识地使被分隔的空间保持某种程度的连通。室内外墙面的延伸，地面、顶棚的延伸，使空间彼此渗透，加强空间的层次感。

在设计中通常把面向水面或者风景较好的一面墙，做成通透的，把室内与室外连成一体。由于内外空间之间无隔断，所以内部空间向外延伸，内外空间相互渗透，增加了空间的层次感，同时，不同比例的取景框，也会形成不同的空间意境（见图 2-19）。

图 2-19　竖向望塔

2.4 作业及案例

2.4.1 任务书：微空间概念性设计

1. 设计内容

通过运用空间操作与空间限定的设计手法，在6m×9m×12m的空间边界内进行设计，形成一个概念性的空间。建筑外环境可以是现有的真实环境，也可以是想象的环境。

2. 教学目的

该设计需要对前面的知识进行整合。空间设计不仅仅是一个单一的空间操作练习，它包含着许多方面，设计中每个方面都必须考虑。

（1）空间生成与空间认知

该设计除了需要掌握空间生成与限定的基本方法外，还需要分阶段地阐释空间生成过程；学会划分空间不同的属性，如开敞空间与封闭空间、动态空间与静态空间、私密空间与公共空间、室内外空间与“灰空间”等；学会通过控制空间的长、宽、高之间的关系来影响人对空间的感受；学会通过控制墙体的开合，调节内部空间之间或内外空间的渗透与层次关系。

（2）空间与环境的关系

理解建筑与环境的关系（这个环境可以是现有的，也可以是再造的，但一定要对内外空间的关系，以及环境要素与建筑的关系进行思考）。同时，需要有场所营造意识，并通过对场所的营造，理解空间、人物与场所的关系。

（3）空间、材料与建造的关系

理解材料、光线对于空间塑造的意义与价值，理解建造与空间的关系。

3. 成果要求

A2图纸4~6张，表现手法不限，要有各阶段模型及最终模型，完成时间为5个星期。

2.4.2 案例

1. “蚁穴”

设计效仿白蚁洞穴空间形态与生成方法，通过在规整的长方体中进行掏挖的方式形成中庭部分的通高空间和四周的腔体空间，设计将中庭部分的通高空间与四周的腔体空间进行串联，并通过天窗将光线引入中庭。同时，将出口正对河对岸的塔，起到对景与框景的效果。在模型制作中，通过利用泥土作为反向空间塑造形体，外围包裹短木条与木板，然后浇灌水泥，等水泥干后取出土并拆掉木模板，利用水泥液态填充的特殊材料性质将洞穴塑造至极致，形成一个原始而迷乱的虚幻空间，给人极致的艺术体验（见图2-20~图2-23）。

图 2-20　“蚁穴”室内空间效果图

图 2-21 “蚁穴”鸟瞰图与空间原型

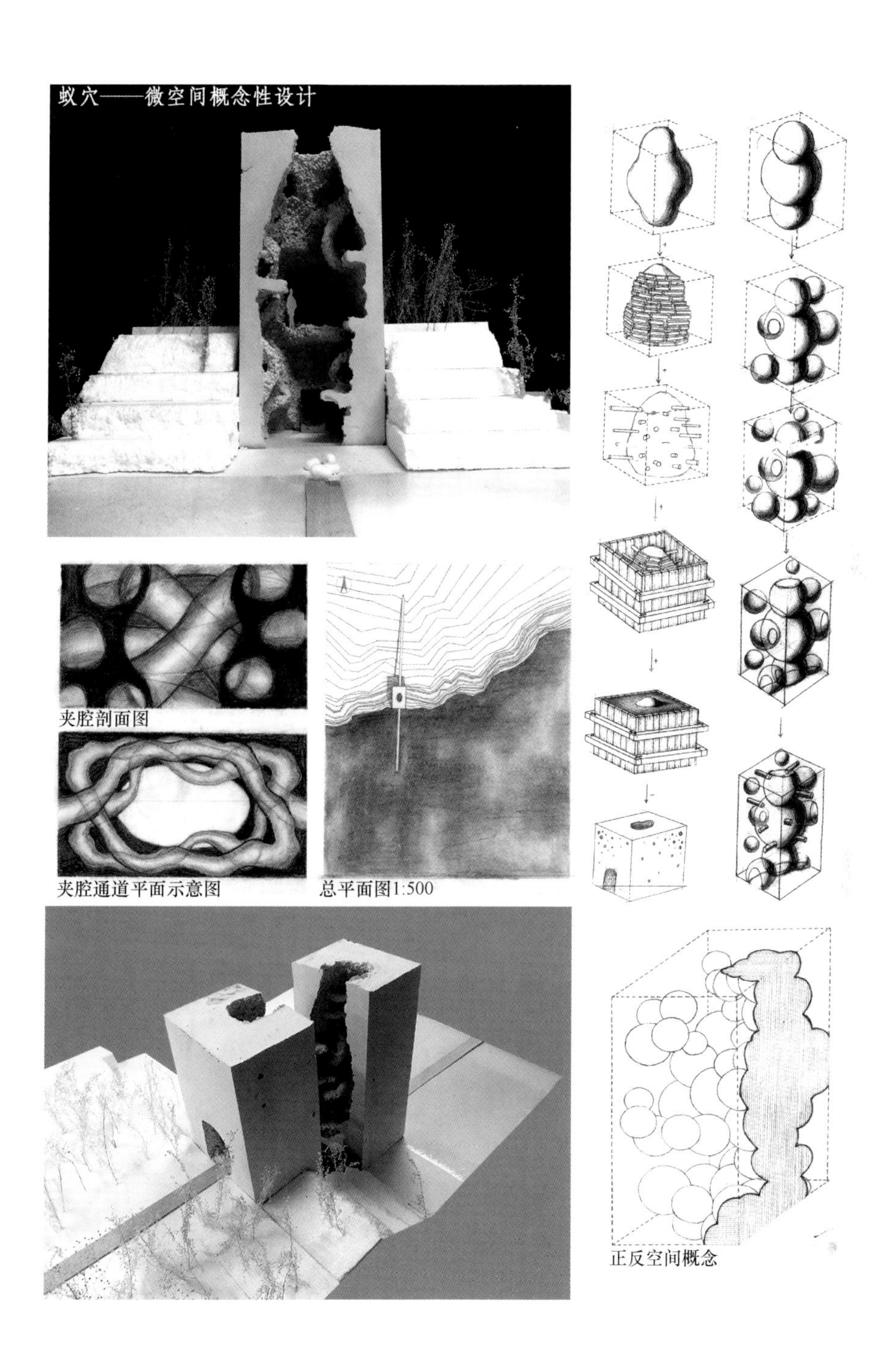

图 2-22　“蚁穴”空间生成图与模型

图 2-23 “蚁穴”剖面透视图

2. “缝隙”

设计作品“缝隙”，创作目的是探究空间产生的方法以及空间与光影的关系。方案采用掏挖的方式对一个 6m×6m×9m 的体块进行空间操作。通过网格划分、切割、掏挖等方式产生了丰富的建筑空间与光影效果。

场景设计环节，将整个体块放入峡谷环境中，使得建筑从山的缝隙中拔地凌空，气势恢宏。建筑侧壁与山相接，建筑正中的缝隙犹如山门，厚重端庄。阳光从缝隙直射而入，铺满小径。站在建筑前，光线的明暗所产生的强烈对比，形成一种神秘、恢宏的场景效果（见图 2-24）。

图 2-24　“缝隙”场景表达图

第 3 章　建筑空间组合与秩序

将多个单元空间按照一定的方式进行组合，称之为空间的组合。本章主要学习空间的组合方法与空间序列的设计方法。

3.1 空间组合手法与组合关系

空间组合就是将两个或多个空间形体放置在一起，探讨它们之间的空间组合关系以及形成的空间序列。设计的目标是通过简单的要素操作形成丰富的空间体验。丰富的空间体验主要取决于空间序列上空间的对比、变化、大小、形状、方向，视线的位移，光线的变化等因素。

3.1.1 空间组合手法

常见的空间组合操作手法有占据、连接、叠积、咬合、扭转、变异等，这些操作手法都可以用于板片与体块模型。

1）叠积：大小相同、形体相同（或不同）、方位不同的空间形体互相叠加时，两个形体就会相互破坏了彼此的外形特性，并结合产生一种新的组合体（见图3-1）。

图3-1 叠积

2）占据：体块的最基本操作之一是以体块来占据空间，同时产生体块与体块之间的空间。体块的大小和形状随体块的功能内容不同而不同。

3）连接：两个相互分离的空间由一个过渡空间相连接，过渡空间的特征对于空间的构成关系有决定性的作用。

4）咬合：两个空间部分叠合时，将形成联合、互锁、衔接的空间形式。两个体积的穿插部分，可为各个空间同等共有。穿插部分与一个空间合并，成为它的整体体积的一部分，穿插部分自成一体，成为原来两个空间的连接空间（见图 3-2）。

图 3-2　三个体块的咬合

5）扭转：两个单元空间相对的扭转变换方向，形成相对的旋转，称为扭转。

6）变异：相似或相同的多个单元体中有个别单元体发生变化，称为变异。

3.1.2　空间组合关系

空间组合即两个或多个形体之间的相切、相离、相交及包含的关系，其主要有以下几种：

1）空间相切：两形体或多个形体在空间上相互接触，可以是点的接触，如角对角，可以是线的接触，也可以是面的接触，但形体之间需保持各自独有的视觉特性，而视觉上连续性的强弱取决于接触方式。面接触的连续性最强，线接触和点接触的连续性依次减弱。

2）空间相交：两个形体或多个形体在空间上相交，两者不要求有视觉上的共同性，可为同形、近似形，两者的关系可为插入、咬合、贯穿、回转、叠加等。

3）空间相离：两形体或多个形体在空间上相分离，各形体间保持了一定距离而具有一定的共同视觉特征。形体间的关系可作方位上的改变，如平行、倒置、反转对称等。

4）空间包含：一个形体或多个形体在空间上被另一个大的形体包含在内部，各形体要求有视觉上的共同性，可为同形、近似形，关系可为相切、相交、相离等。

空间组合的手法较为多样，其组合的关系也较为丰富。设计中，不仅可以利用体块相切、相离、相交的关系进行空间的组合，也可以通过空间操作手法进行空间演化，如通过体块之间的相互咬合、旋转、错位、掏挖等方法，形成上下连通、迂回曲折的内部空间（见图3-3和图3-4）。也可以利用相交体块之间的缝隙进行采光，进而强化体块之间的相交关系。

图3-3　两个盒子空间的交错

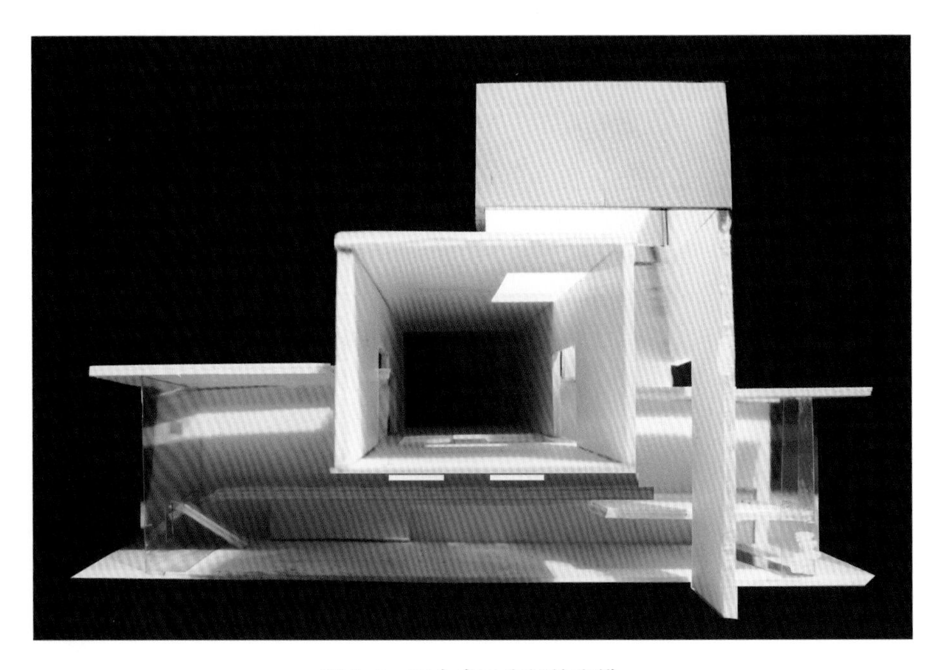

图3-4　三个盒子空间的交错

3.2　作业及案例

3.2.1　任务书：空间组合设计

1. 任务介绍

该设计要求在一定的空间边界内放置两个或多个盒子，盒子之间的关系可以是相离、相切、相交、包含等，通过对多个盒子的直接操作，如咬合、穿插、开洞、连接等，产生出意想不到的空间。分步骤地记录空间的生成过程，以及它们在体验和感知上的变化。盒子没有特定的使用功能，或者说只有抽象的功能，如应包含大小不同的空间。这些空间由一条通过人的体验和光线控制的路径组织。设计的空间必须符合人体尺度。

2. 教学目的

空间组合设计，练习体与体之间的组合方式以及产生的空间关系；认识与了解空间尺度。

3. 设计要求

在9m×9m×15m的空间边界内，放入两个或多个立方体，或在边界内切割一个体块为两个或多个体块，并探讨两个或多个形体之间的相切、相离、相交及包含的关系。

4. 作业要求

在2~3张A2图纸上作图。提倡多方案比较，需要设计过程或不同角度照片（包含一到两张大的照片），需要构图设计，版式规定符合；完成时间为三个星期。

3.2.2　案例

1. 包含空间

该设计采用一个大的盒子套两个小盒子的方法，形成有趣的子母空间。同时，采用不同的颜色和材料来区分外部的大盒子与内部的小盒子，并利用不同盒子上不同位置的开洞形成的交错关系，将内部空间展示出来。在空间操作的过程中，利用外表面弯折的方式，形成露台与部分内凹空间，增加了空间的趣味性（见图3-5~图3-7）。

2. 相切空间

该设计将一个长方体进行切割，形成三个形态相同的曲面单元体，并通过错动其位置形成相切的关系，同时利用连续的上下开洞，探讨其相切后各空间的关系。模型采用半透明的石蜡，强化了空间的轻盈、流动感以及透光感，将内部的空间组合关系一并反映出来（见图3-8）。

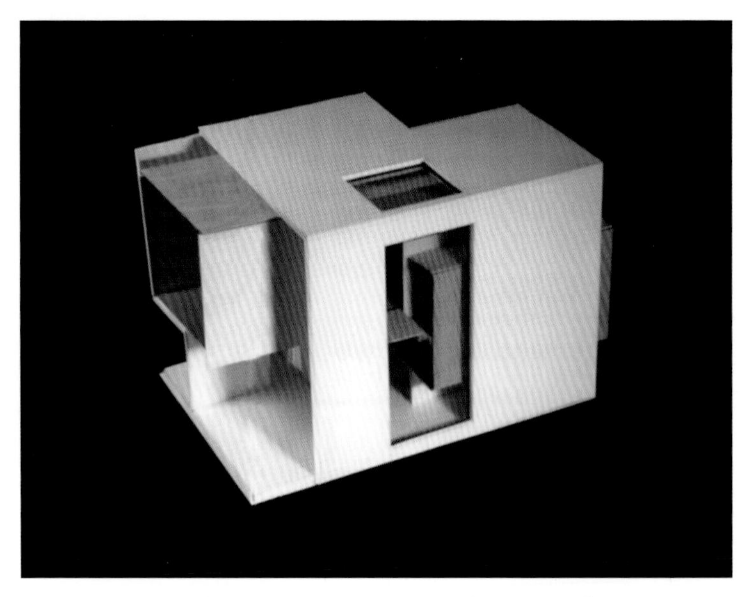

图 3-5　包含空间——模型（图片来源：学生作业）

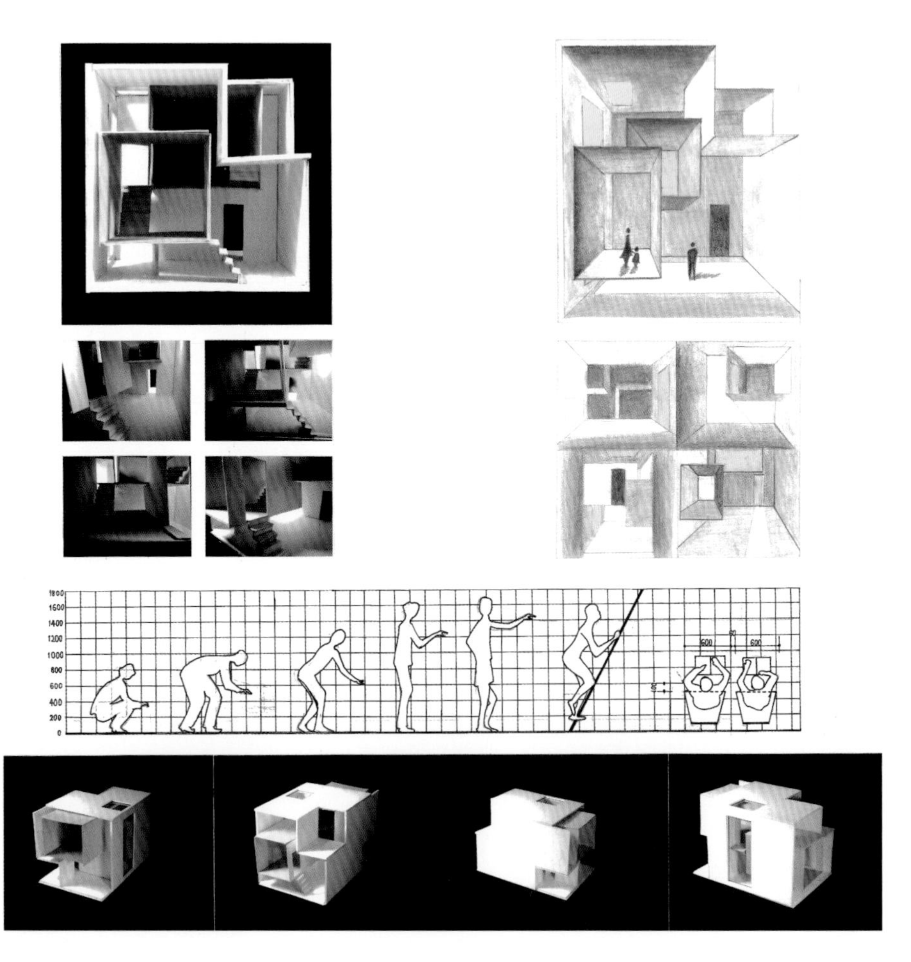

图 3-6　包含空间——光影图

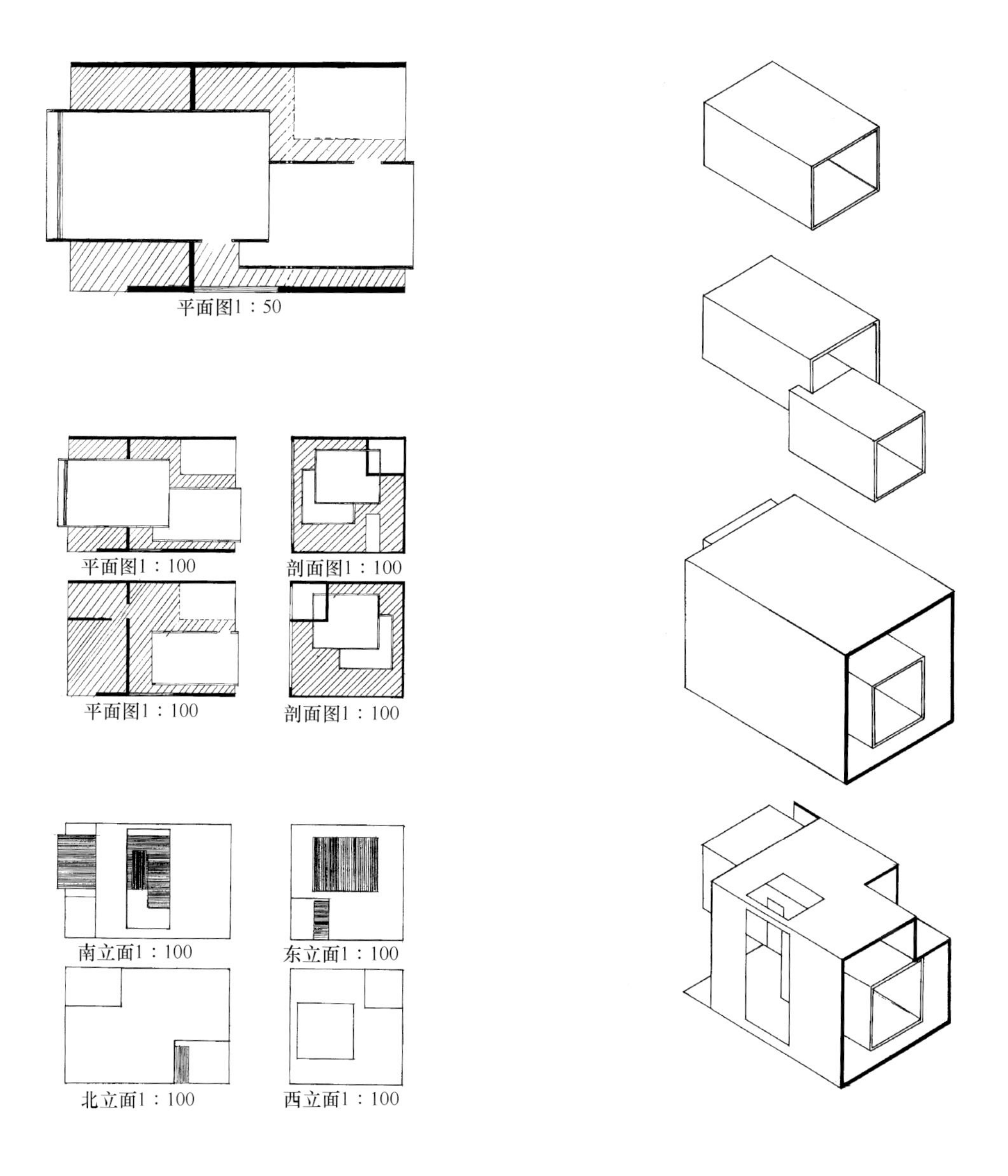

图 3-7　包含空间的生成过程与平立剖面

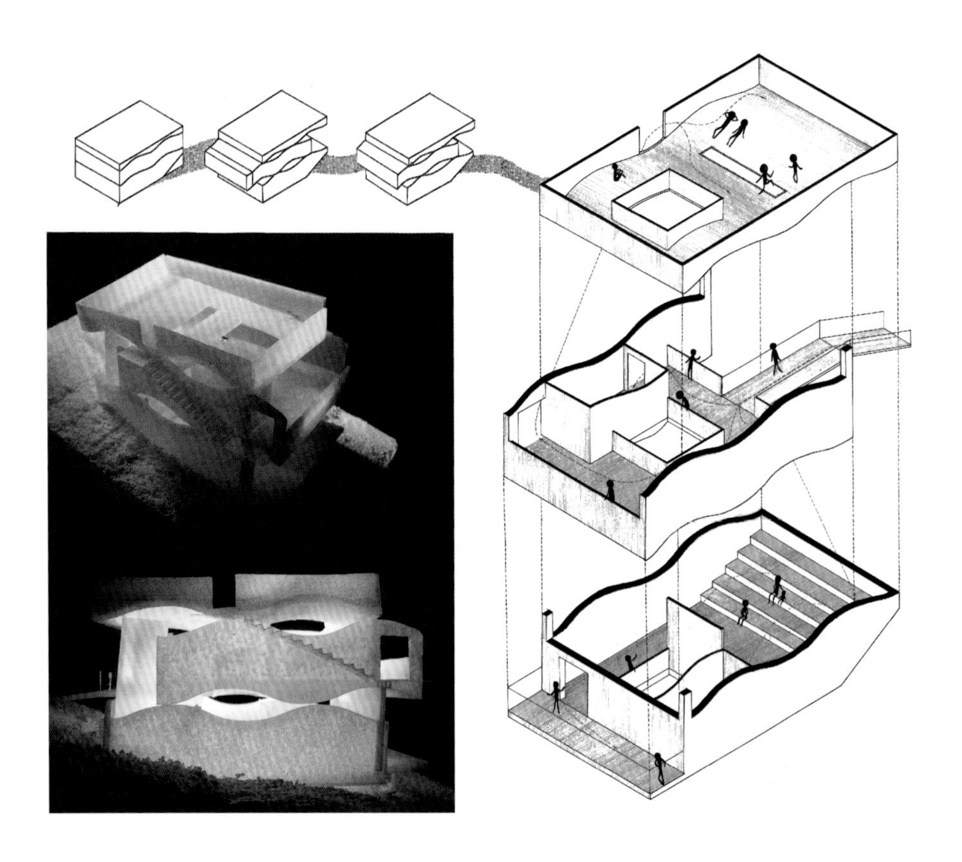

图 3-8　相切空间

3.3　空间组合模式与序列

3.3.1　空间组合模式

“空间组合”的研究不仅仅是分析独立的单元空间的关系，更重要的是探究其组合的模式和规律。

1. 线式组织

单元空间逐个连接，或由一个单独的线式空间联系。这种组织方式通常是利用走道等建筑公共交通作为纽带来组织群体的一种方法，各分支系统或建筑单元，按线性轨迹展开，适用于分支较多，各建筑单元之间又有纵横联系的空间等。

2. 集中式组合

一种稳定的向心式构图，由一定数量的次要空间围绕一个大的占主导地位的中心空间构成。中心主导空间一般为相对规则的形状，应有足够大的空间体量以便使次要空间能够集结在其周围；次要空间的功能、体量可以完全相同，也可以不同，以适应功能和环境的需要。

3. 辐射式组合

这种空间组合方式兼有集中式和串联式空间特征。由一个中心空间和若干呈辐射状扩展的串联空间组合而成，辐射式组合空间通过特定的分支向外伸展，与周围环境紧密结合。这些辐射状分支空间的功能、形态、结构可以相同也可不同，长度可长可短，以适应不同的基地和环境变化（见图 3-9）。这种空间组合方式常用于山地旅馆、大型办公群体等。另外设计中常用的“风车式”组合也属于辐射式的一种变体。

图 3-9　辐射式组合

4. 网格式组合

“网格法”是建筑设计中最常用的手法之一，它通过利用大小不同的网格对整个基地或建筑进行控制，从而使建筑形态呈现整体性。这种组合方式通常是按照建筑的功能空间来进行组织和联系，称之为网格式组合。在建筑设计中，这种网格一般是通过结构体系的梁柱来建立的，由于网格具有重复的空间模数的特性，因而可以增加、削减或层叠，而网格的同一性保持不变。按照这种方式组合的空间具有规则性和连续性的特点，而且由于结构标准化，构件种类少，受力均匀，建筑空间的轮廓规整而又富于变化，组合容易，适应性强，被各类建筑广泛使用。

5. 组团式组合

将具有相似特性的小空间分类集中形成多个单元组团，然后再用交通空间将各个组团（单元）联系在一起，形成组合（见图 3-10）。组团内部功能相近或联系紧密，组团之间关系松散，具有共同的或相近的形态特征。实践中常用的庭院式建筑即属于这种组合方式。单元或组团的组合方式也可以采用某种几何概念，如对称或交错等。

3.3.2　空间序列

空间序列是空间的先后顺序，是设计师按建筑功能给予合理组织的空间组合。各个空间之间有着顺序、流线和方向的联系并形成一定的关系。空间序列一般可分为以下四个阶段：

图 3-10 组团式组合

开始、过渡、高潮、结尾。开始阶段是序列设计的开端，预示着将展开的内幕，如何创造出具有吸引力的空间氛围是其设计的重点。过渡阶段是序列设计中的过渡部分，是培养人的感情并引向高潮的重要环节，具有引导、启示、酝酿、期待以及引人入胜的功能。高潮阶段是序列设计中的主体，是序列的主角和精华所在，这一阶段，目的是让人获得在环境中激发情绪、产生满足感等种种最佳感受。结尾阶段是序列设计中的收尾部分，主要功能是由高潮回复到平静，也是序列设计中必不可少的一环，精彩的结尾设计，要达到使人去回味、追思高潮后的余音之效果。也可以把整个序列上的空间分为入口空间、过渡空间、高潮空间、结尾空间四部分（见图 3-11）。

1. 入口空间

入口空间是在实际进入一个建筑内部之前，沿着一条通道走向建筑物的入口，这是整个流线的第一段。在这一阶段，人们已经做好准备来观看、体验和使用建筑空间。通向一栋建筑物及其入口的道路，从空间压缩后的几步路到漫长而曲折的路线，其过程可长可短。通道可以垂直于建筑物的主要立面，也可以与其呈一定角度。进入空间的入口，其最好的表现方式是设置一道垂直于通道路径的垂直面，此面可以是实际存在的，也可以是暗示的。可以通过不同的手法，从视觉上加强入口的意义，比如使之出乎意料的低矮、宽阔或狭窄，使入口深陷或迂回，或用图案装饰来清晰地表达入口等。

2. 过渡空间

过渡空间也可以称为交通空间，是任何建筑组合中不可分割的一部分，并在建筑物的容积中占有相当大的空间。交通空间的形式变化依据以下几点：①其边界是如何限定的？②其形式与它所连接的空间以及形体的关系如何？③其尺度、比例、采光、景观等特点是如何表达的？④入口是如何向交通空间敞开的？⑤交通空间中是如何利用楼梯和坡道来处理高程变化的？

3. 高潮空间

高潮空间是整个流线上的核心空间，也是整个建筑精神性的体现。一般有剧场型高潮空间，通过利用多级踏步，产生舞台聚焦的效果，以塑造一种庄重、肃穆的感觉；也有广场型高潮空间，利用超尺度的宽广空间，创造一种宏大的、空旷的效果；还有一种是街道型高潮空间，利用多个空间的穿插、组合，营造了一个多层次的场景。

4. 结尾空间

结尾空间是建筑的出口空间，主要是探讨建筑与环境相交接的关系，有些建筑的结尾空间往往就是起点空间，而有些建筑的结尾常常采用大的环境背景来衬托建筑，让人处于高点可以俯瞰建筑，处于低点仰视建筑，进而对建筑在环境中的关系做个整体的了解。

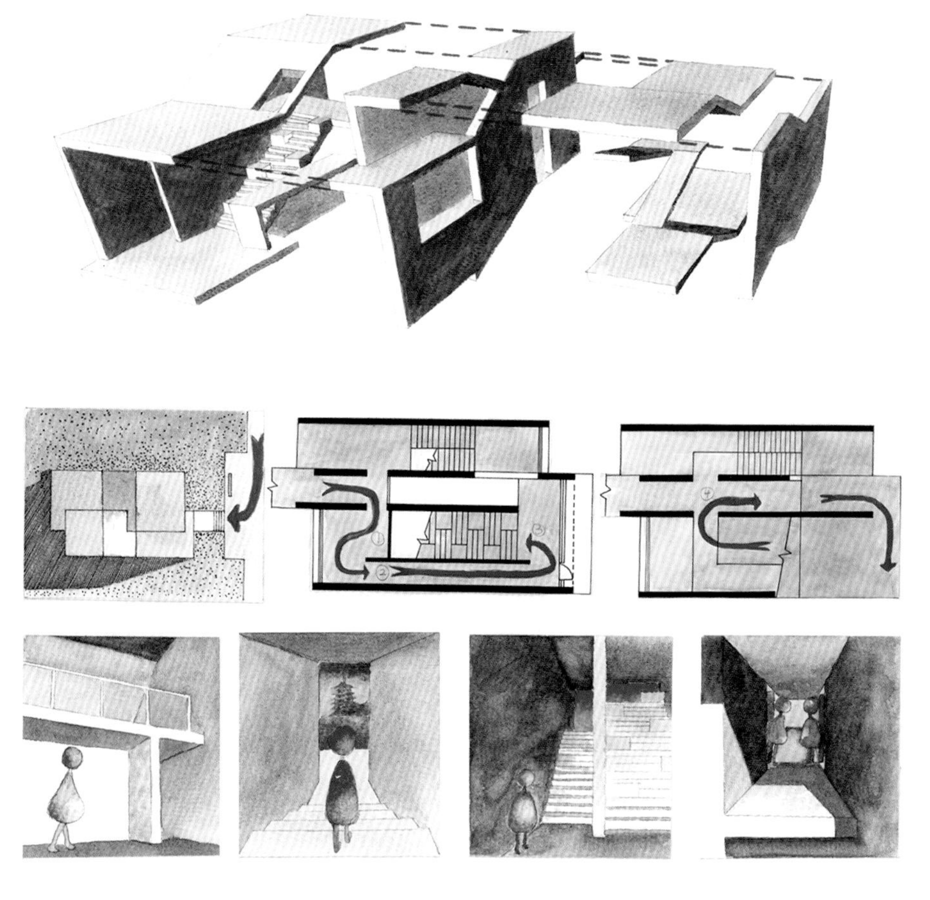

图 3-11　空间序列与流线

空间之间的关系以及空间序列营造的手法，一般有以下几种（见图 3-12）：

1）空间的衔接与过渡。直接衔接包括共享、主次、包含等。间接过渡包括室内过渡空间、室内到室外过渡空间等。

2）空间的对比与变化，也是空间丰富性的主要原因，可以使人产生情绪的突变，获得兴奋的感觉。对比手法有体量、形状、虚实、方向、色彩、光线、材料对比等。

图 3-12　空间序列营造

3）空间的重复与再现。重复，富有一种韵律节奏，给人以愉快的感觉。再现，是指在建筑中，相同形式的空间被分隔开来，通过一再出现而使人感受到它的重复性。

4）空间的引导与暗示。引导与暗示不同于路标，处理要含蓄、自然、巧妙，增强空间的趣味性。表现手法：借助楼梯、坡道或踏步来暗示空间，利用曲面墙体来引导人流，利用空间的灵活分隔和利用空间界面的处理产生一定的导向性。

5）空间的渗透与流通。其包含两个方面：内部空间之间的渗透与流通、内外空间之间的渗透与流通。

3.3.3　流线空间

建筑的三维空间所产生的最为本质、最令人难忘的感觉源自人的体验，这种感觉将构成我们在体验建筑过程中理解空间情感的基础。当我们穿越空间序列，运动于时间之中体验一个空间时，建筑的流线空间就是我们的感性纽带，影响着我们对建筑形式和空间的感知。流线一般可以分为三种类型：并联式空间、串联式空间、混合式空间。

1. 并联式空间

并联式空间是具有相同或相似功能及结构特征的单元并联在一起。它们彼此空间形态基本近似，不寻求次序关系，其空间可以分别与大厅或者廊道联系，不需要穿越其他空间。同时，根据使用要求它们可相互连通，也可不相互连通。这种连接方式简便、快捷，适用于功能相对单一的建筑空间。例如，该居室就以楼梯为交通空间连接楼上的书房、卧室以及楼下的餐厅及厨房（见图 3-13）。

图3-13　并联式空间

2. 串联式空间

串联式空间是各单元空间依照先后次序相互连接，形成一个连续的线性空间序列。各空间可逐一直接连接，也可由一条联系纽带将各分支串联起来，即所谓的“脊椎式”。串联式空间适用于那些人们必须依次通过各部分空间的建筑，其组合形式必然形成序列。串联式流线具有很强的适应性，可直可曲，还可转折。如下图这个来回转折的楼梯就将上下三层串联起来，想从外部到达三层房间就必须穿过一层及二层房间（见图3-14）。

3. 混合式空间

混合式空间即上述两种组织方式的混合。混合式空间也称为串、并混合式流线，其中即存在串联式，也存在并联式。如将建筑分为几个独立的空间，然后被一个连续的廊道串联在一起，形成了一个随着时间轴线动态变化的故事场景，产生串联式的空间体验。其空间也可以分别与大厅或者廊道联系，不需要穿越其他空间直接到达。由于串联、并联式流线的同时存在，空间中会产生两条流线的交错，形成富有戏剧性的时空效果，但同时也会存在迷乱和无序的空间感觉。

图 3-14　串联式空间

3.4　作业及案例

3.4.1　任务书：艺术沙龙设计

1. 设计内容

为一群艺术家设计一个供其交流的场所，需要结合外部环境进行建筑设计。

2. 教学目的

认识环境及其基本组成要素，加强空间建构与环境的有机联系；学习从环境分析入手进行空间设计与空间组织的基本方法；认识空间的不同类型和空间之间相互联系、分隔、过渡的不同界定方法，提高对空间品质的认识；学习几种流线设计的基本方法。

3. 设计要求

基地位于一个生态公园附近，基地内有 A、B、C 三块地，面积均为25m×25m，可任选其中之一作为用地（见图 3-15），为一群艺术家设计一个交流的场所，并设置交流空间、过渡空间（门厅、廊道）、休息空间、附属空间（卫生间、储藏室）等具有使用一定功能的空间，各个空间的面积自定，总面积控制在 100 ~ 105m^2（夹层不算面积），室外设置 60 ~ 80m^2 的平台。

4. 教学创新

分解式教学，从环境、空间、材料、建造四个环节以阶段性的成果推进方案设计；前期过程模型采用花泥、卡纸与 PVC 板等材料，最终模型可采用模型尺度的木、土、水泥、砖石砌块等材料。

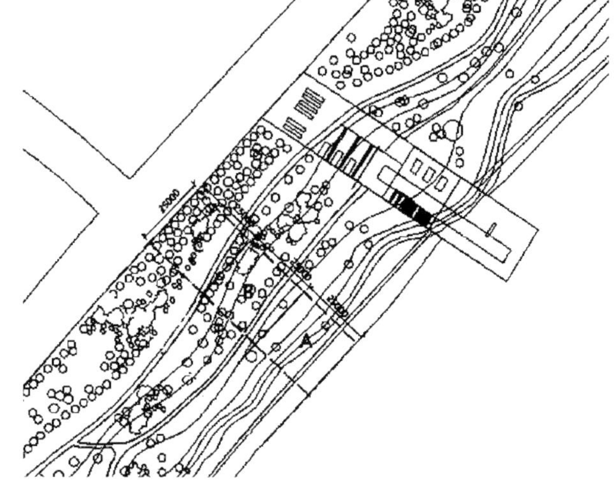

图 3-15　艺术沙龙设计地形图

5. 成果要求

图纸尺寸与数量要求：A2 图纸 4 ~6 张；表现手法不限，要有各阶段模型及最终模型，完成时间为 5 个星期。

3.4.2　案例

1. 艺术沙龙设计 1

该设计以一个立方体与半球体的空间叠加为基础，将球体空间放入到立方体空间中，球体采用粗糙的混凝土纹理而立方体采用光洁的混凝土纹理，给人以视觉上的强烈对比（见图 3-16）。串联式流线的设计，让人能够感受到球体空间与立方体空间的交错的关系以及其所带来的丰富光影变化（见图 3-17）。

图 3-16　艺术沙龙设计 1——模型

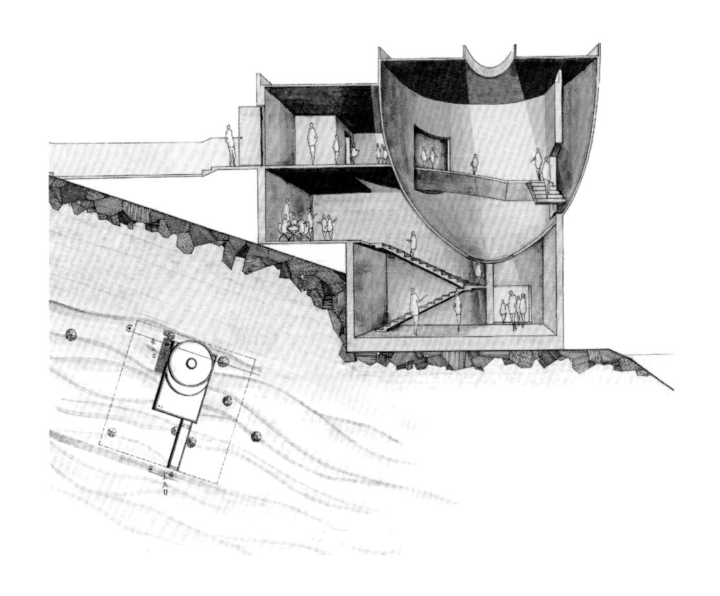

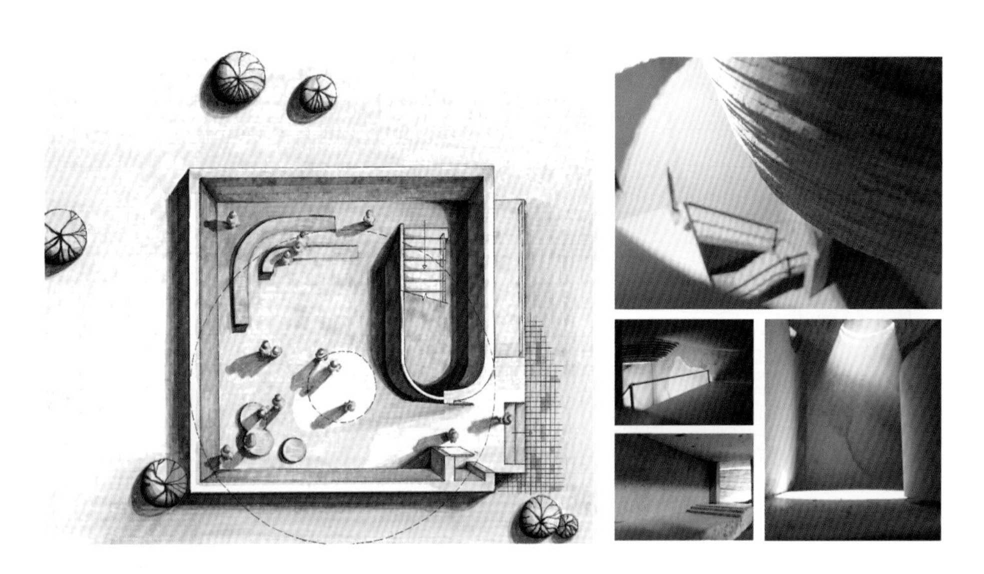

图 3-17　艺术沙龙设计 1——平面图与剖透视

2. 艺术沙龙设计 2

该设计以两个立方体的咬合交错为基础进行空间的设计，其中一个立方体以混凝土浇筑的方式建造，另一个以轻型框架的方式进行建造，一个空间黑色沉重，一个空间白色轻盈，形成强烈的空间对比，并通过串联式的流线设计将不同的空间组合在一个完整的序列中（见图 3-18 和图 3-19）。

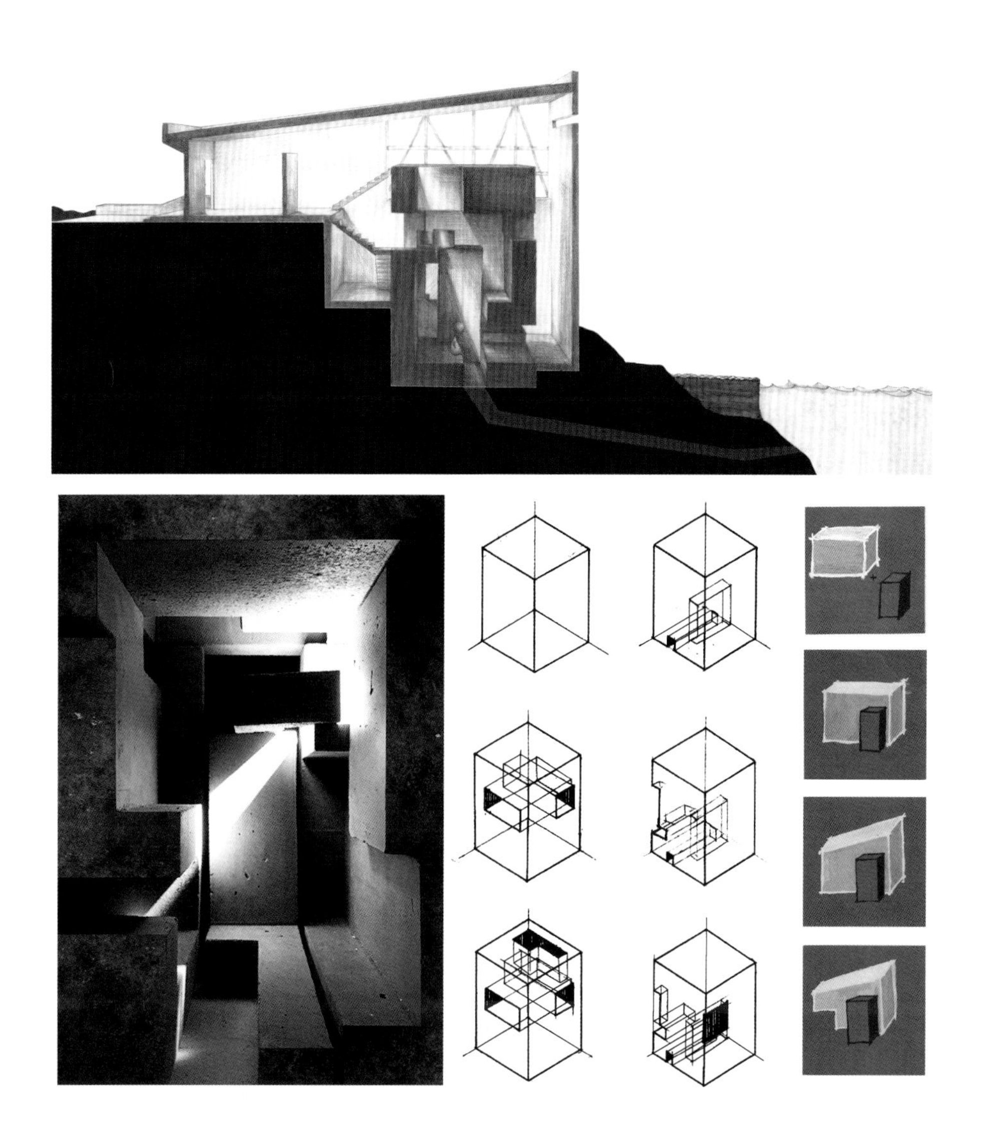

图 3-18　艺术沙龙设计 2——剖透视

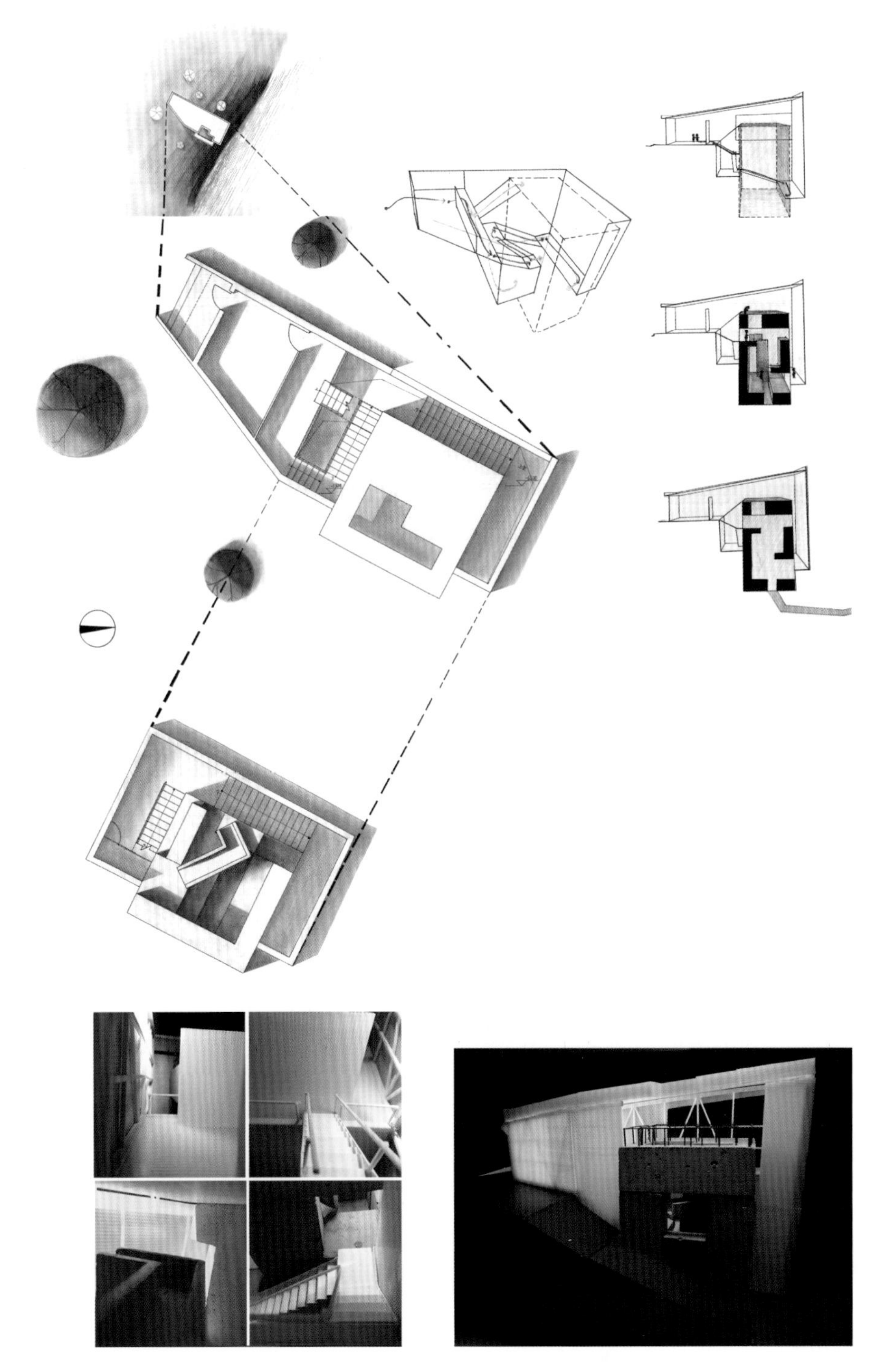

图 3-19　艺术沙龙设计 2——平面图与模型

第 4 章　建筑空间设计基本方法

建筑设计的概念首先是一种源自生活感知的空间意象，进而向空间概念进行转化。空间概念通过对实体物质的一系列空间操作，进而转化为空间方案，空间方案通过真实材料的建造进而转化为真实的空间场景。建筑从设计到建成都要经历这几个阶段，但这是一种非常抽象的过程，每个部分之间也没有明晰的界限，如果需要更加理性的思考设计过程并控制每一个环节，就需要将建筑空间设计过程分解为四个阶段：环境、空间、材料、建造。通过分解式教学法，以阶段性的成果推进设计过程。这样可以加强对每个教学环节及设计成果的把控。例如，首先是通过在特定的环境中来寻找一个设计的构思，包括针对实体的操作方法与相应的空间；其次是通过空间限定与空间操作的方法来继续研究空间如何满足基本的功能与尺度；再次是通过不同的模型材料来研究气候边界的问题；最后将模型材料转化为建筑材料，将构思形式转化为建筑形式，进而探讨建筑的建造问题，以此建立一个设计过程模型的教学体系。但是每个阶段也不一定要依次完成，它们彼此顺序也是可以相互交换的，而不同的设计与思考过程也会激发学生不一样的创造力。再如，首先让学生先思考所选择的材料及其建造方式，再利用所选择的材料在特定的环境中进行设计，并寻找一个建构的构思，包括材料的操作方法与相应的空间，这样会得到意想不到的效果。但其设计方法的原则在于四个环节的完整性与连贯性，缺少任何一个环节都会导致建筑空间设计的不完整性与建筑设计要素的缺失。下面我们就从分解式教学法的角度将第一阶段的微空间概念性设计以及第二阶段的艺术沙龙设计进行分阶段的阐述（见图 4-1）。

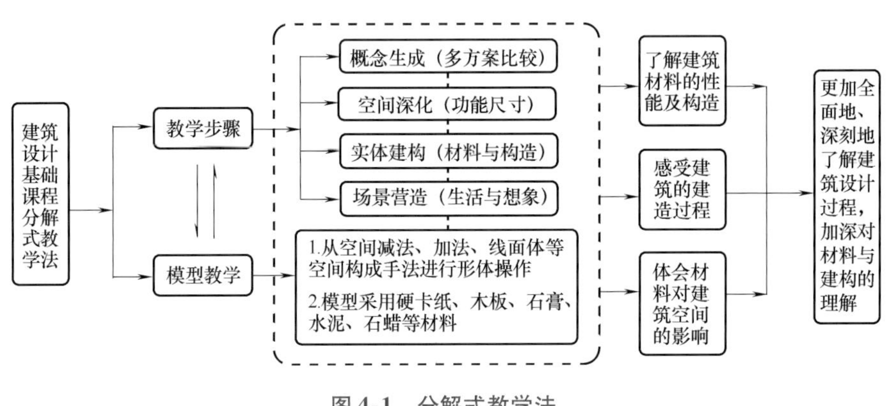

图 4-1　分解式教学法

基于建筑设计过程分为四个阶段，产生的分解式教学法具体如下：

1. 环境

1）任务：对基地进行 1∶100 的模型制作。

2）教学目的：空间认知与场地分析；学习环境要素对建筑生成的影响。

2. 空间

1）任务：制作 1∶100 的建筑模型，选取体块或板片进行空间操作，并完成 1∶100 的平立剖面图。空间操作方法有占据、连接、叠积、咬合、扭转、变异等。

2）教学目的：空间操作手法的练习。

3. 材料

1）任务：制作 1∶30 的模型，采用水泥、砖块、木材、土等材料进行建筑模型的深入制作，并完成详细的平立剖面图。

2）教学目的：思考模型材料到建筑材料的转换，认知建造材料及逻辑关系。思考如何通过建造的手段来实现建构构思。认识建筑材料的类型和建造方式对建构构思的作用。

4. 建造

1）任务：制作 1∶15～1∶20 的模型，采用水泥、砖块、木材、土等材料进行模型的深入制作，对建筑建造过程与节点关系进行探讨，并完成节点大样和绘制渲染表现图。

2）教学目的：学习材料的建造过程、材料及其建造方式对空间本身的影响。

4.1　环境

该阶段主要是让学生认知环境，学习环境调研和分析的基本技能，并从中寻找设计的切入点。环境是设计的基本出发点，设计首先就是要学会从环境中寻找各种影响建筑设计的因素，并利用其有利因素，避免其不利因素。

4.1.1　环境的概念

个人的行为离不开环境，广义的环境指的是围绕着主体的周边事物，包括具有相互影响作用的外界，其涵盖着自然和社会多方面的内容。建筑领域的环境，一般指城市和建筑景观环境，是人们在视觉上可以直接感受到的、身心能够进行体验的物质空间，诸如山川、河流、绿化、建筑、小品等。

室外环境指的是建筑周围或者建筑与建筑之间的环境。其领域之中的自然环境、人工环境、社会环境都是室外环境的重要组成部分。室外环境又可以分为基面与围护面。

基面的要素指的是参与构成环境底界面的要素，包括城市道路、步行道、广场、停车场、绿地、水面等。基面的要素构成了室外环境的底界面。

围护面的要素构成了室外环境的四周，这些要素按其作用的不同可以分为两类，一类是建筑的立面，它区分了室内外空间，其余各种围护要素合称为外环境中的“独立墙面要素”，他们为外环境划分了不同的领域。这两类元素对于外环境的空间形态，“小气候”的形成，以及环境的氛围与特征的确立都具有举足轻重的作用。

4.1.2　环境的认知

环境的认知是指对环境的各要素进行了解、分析，提取相对重要的影响要素并在设计中进行利用或规避的过程。

在本环节中通过基地分析对环境进行认知。基地分析能够帮助学生解读建筑与环境的关系，帮助学生在进行设计之前对基地所有的限制要素进行了解和统计，分析各要素之间的相互作用，找出影响要素，以便能够在之后的设计中充分利用环境的有利要素并规避不利要素，从而形成适宜于环境的建筑设计。

首先，通过前期文献调查、实地踏勘、问卷访谈及试验模拟等方法对环境各个要素进行了解分析，这包括自然要素、基地要素、人文要素及法规要素等方面。

1）自然要素（气候）：风、日照、雨、温度。

2）地质：水文、地震灾害。

3）地形：平地、坡地、丘陵、盆地。

4）基地要素：基地位置、区位、肌理。

5）基地交通：车流、人流。

6）基地现状：建筑、植被、公共设施。

7）人文要素：文脉、人类行为、人类心理。

8）法规要素：建筑控制线。

其次，根据对环境要素的分析以及学生自身对于环境各要素的解析，提取有利及不利要素，形成环境认知地图的要素，包括建筑、道路、节点、标志、边界等。

再次，利用分析图纸、照片拼接及影片的方式，表达自己的“认知地图”，并对环境进行评价，认知地图中，还可以通过分层叠加的方法，先将环境中的要素进行分类，然后按照类型分不同图层进行绘制，寻找各要素之间的关系，最后通过图层的叠加寻找建筑的合理布局及设计方式。

为了训练低年级学习中对于建筑与自然环境的关系，可以选取坡地作为训练的对象，研究建筑与坡地的关系。在坡地环境中，建筑物一般平行或斜交等高线布置，建筑可以呼应坡度做成退台式或斜坡式，也可以做成悬挑式。设计中不仅要考虑到坡度、等高线方向等因素，还要考虑到建筑的斜向受力、材料属性等多种因素。通过在简单的自然环境中进行思维的训练，建立起建筑与基地的直接关联，进而可以在建筑方案中体现出环境的特色（见图 4-2）。

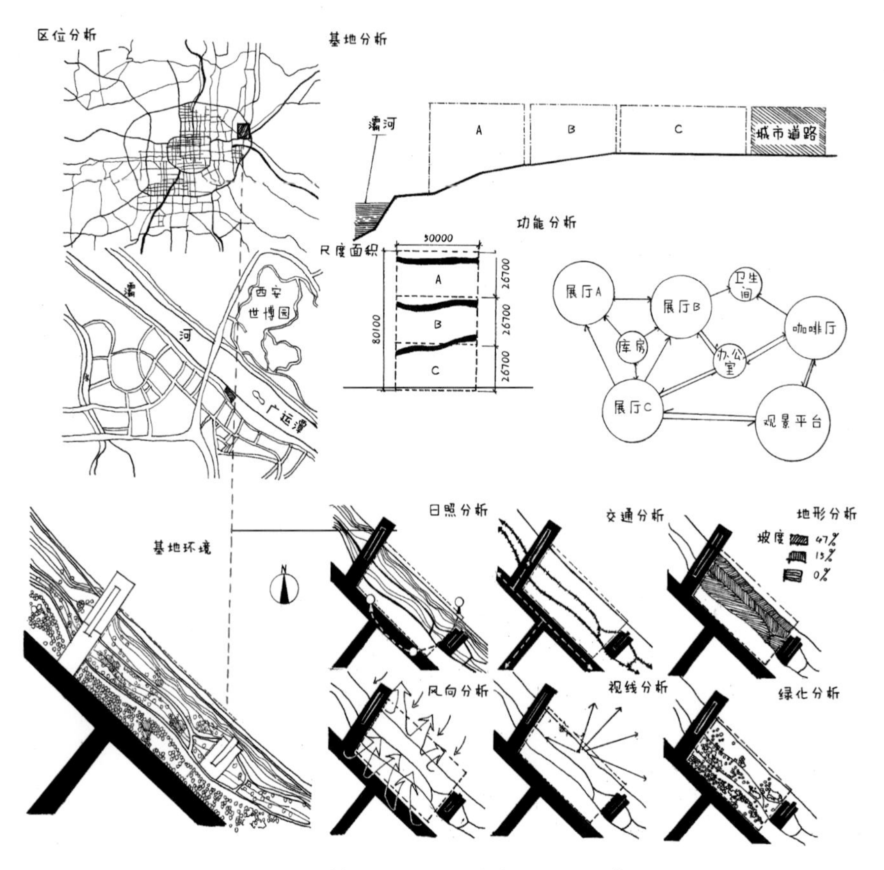

图 4-2　**基地分析**（图片来源：学生作业）

4.1.3　环境的要素

水、坡地、道路、树等要素都是环境的重要组成部分，在设计环节需要进行思考和利用，以加强环境与建筑的关系，并创造出更好的空间场景与意境。

1. 水

水作为营造环境的最重要介质之一，被建筑师、造园师广泛地应用于各类建筑空间及景观营造中。水面能够对周围的景物进行反射，形成倒影，还能形成丰富的光影，强化空间的层次（见图 4-3）。水与建筑的组合关系有相交、相邻与围合三种类型。

图 4-3　水与空间

（1）相交

建筑与水体部分相交，而其余部分依然保持着自身的独立性。设计中将部分水体引入建筑空间，能更好地衬托建筑并在建筑内部形成丰富的光影效果。当有大面积的水面依托建筑形体时，水不仅能够柔化建筑界面与地面的交接，还能起到倒映建筑的作用，丰富建筑的空间。

（2）相邻

水体与建筑相邻，并利用水体产生建筑的倒影，是设计中最常见的处理手法。水体作为与地面不同的介质，可以明确地区分水平面与垂直面的关系。水的物理属性也决定了它只能以下沉的方式和建筑物接触，相接触的建筑和水之间视觉和空间上的联系程度取决于接触面的曲与直的特性（见图 4-4）。

（3）围合

建筑围合水体或水体围合建筑，无论是谁围合着谁，两者都会产生视觉和空间上的延续

图 4-4　与水体相邻的建筑

性。空间尺度的变化也会对围合的关系产生影响。

水的引入不仅可以将建筑空间的各个部分相互串联起来，为建筑注入了活力，拉近建筑与自然的关系，同时，将水与建筑结合在一起，还可以将人的视线引向建筑空间之外，既可以丰富空间的层次感，又能够体现建筑内外空间的渗透感（见图 4-5）。

2. 树

建设用地中原有的树木，可以是建筑设计中的障碍，也可以是设计想法发源的契机。树木不仅有生态效用，而且其在视觉上可以引发人的愉悦感受，同时树木有三维体积感，其与建筑的对话可以是对等的、多样的。将树木保留，根据树生成建筑形式，可以激发建筑创作的新境界，突出周边的环境特征，更能体现建筑与自然的和谐共融。树木与建筑的关系有以下几种：

（1）散落

当地段中的树过于密集，建筑物较少时，可以采用“点式”布局建筑的方法。即将建筑的形体拆成分散体量，分布在空间相对宽松的地方。建筑形体的分散体现了树木密集的特征，甚至能够组织树木，使之成组。另一方面，形体的分散与功能的分散密切相关，形体分散使得功能逻辑更加清晰。如果这些分散的形体间需要联系，那么这些连接空间也会因为树的存在而变得生动有趣。

（2）穿插

面对树木略多的地段以及破碎的地块环境，有的建筑师仍然愿意保持建筑自身的连贯，选择“线式”分布的建筑布局，让建筑整体灵活自由，避开树干，游走于间隙。用随机的空间形态组织来适应树的空间关系，并将建筑与树木有机地融合在一起。

（3）围绕

面对树较少的情况，选择“面式”分布的建筑布局，可以将建筑分散成不同的体量，

图 4-5　水体围合的建筑

围绕树构成建筑的庭院或天井，庭院也因有了树木而有了景观的核心，庭院的布置和空间的划分有了根据和起点（见图 4-6 和图 4-7）。这种手法下的建筑，形体是流动而自由的，功能是分散的，而庭院则成了建筑的中心所在。好的围合不仅仅是简单地把建筑体量安排在空间周边，而且应该进一步地结合地段中树的形态和气质特征营造庭院空间。围合空间尺度的

图 4-6　庭院中的树

图 4-7　建筑与树的关系

大小，树木在空间中的地位，以及界面的颜色质感与树木的配合，都是建筑师应该进一步考虑的问题。

同样，面对多棵树的情况，也可以通过在建筑顶面上开洞的方式来维持建筑的整体性。在生长树的位置留出洞口，可以容纳树的通过或生长，但室内空间仍是完整连续的，为树留出的洞口则好像建筑的孔隙，使建筑的内部得以沐浴阳光和呼吸空气（见图 4-7）。同时，建筑与树也具有了强烈的穿插感与一体感，仿佛树是从建筑的形体中破土而出。另外，不同形状和大小的洞口和树冠可以点缀和丰富建筑的第五立面。

3. 地形

地形主要有平地、坡地等类型，因平地对建筑设计的影响较小，在这里主要探讨坡地建筑的设计。坡地建筑，即建于地面起伏较大处的建筑物。坡地建筑设计的基本理念是充分利用自然与坡地资源，使坡地建筑有别于其他建筑，形成独特的建筑风格。坡地建筑要服从坡地自然形态，创造丰富的建筑空间，使建筑成为自然的有机组成部分，达到人、建筑、自然的和谐统一。坡地建筑的设计方式一般有以下几种：

1）提勒式，即提高建筑的勒脚，将房屋四周的勒脚调整到同一高度作为建筑基底的处理手法。它适于坡度平缓的地段。

2）退台式，即将基地处理成台阶状，建筑各组成部分根据基地形状呈跌落形式布置在坡地上的处理手法。它适于坡度平缓的地段，建筑物一般平行或垂直于等高线布置（见图 4-8）。

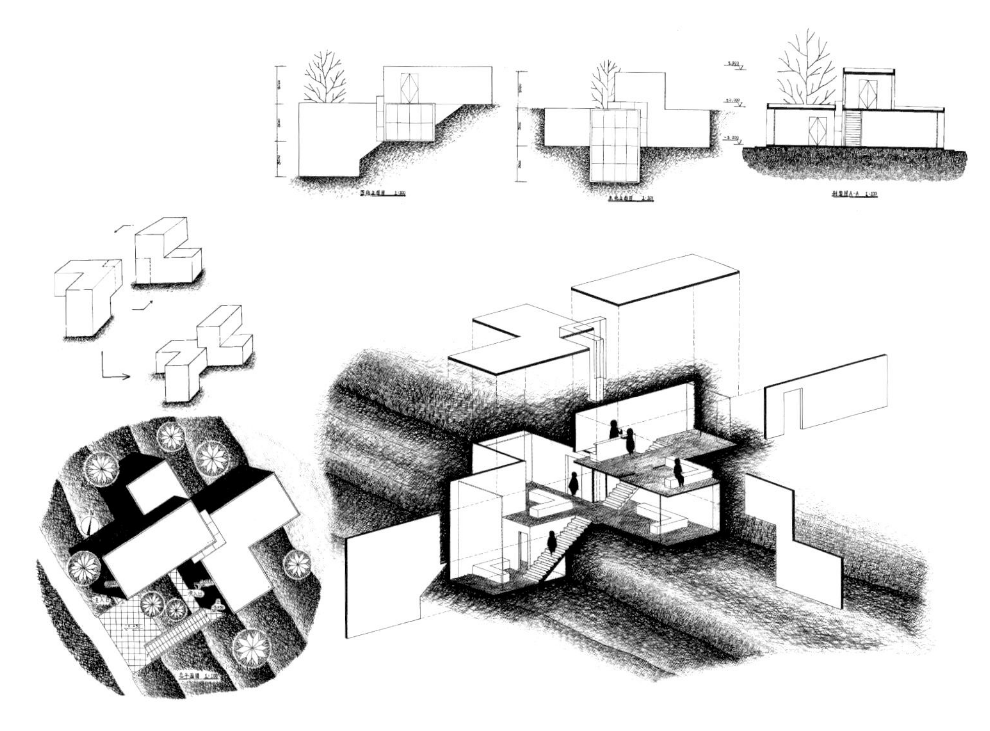

图 4-8　退台式建筑布局

3）悬挑式，即利用挑楼、挑廊、挑阳台、挑楼梯等来争取建筑空间，扩大使用面积的一种处理手法。常用于地形比较复杂、山体坡度比较陡峭、建筑物底层基地比较狭小的地区。悬挑的形式主要有：阳台的悬挑、房间的悬挑等（见图4-9）。

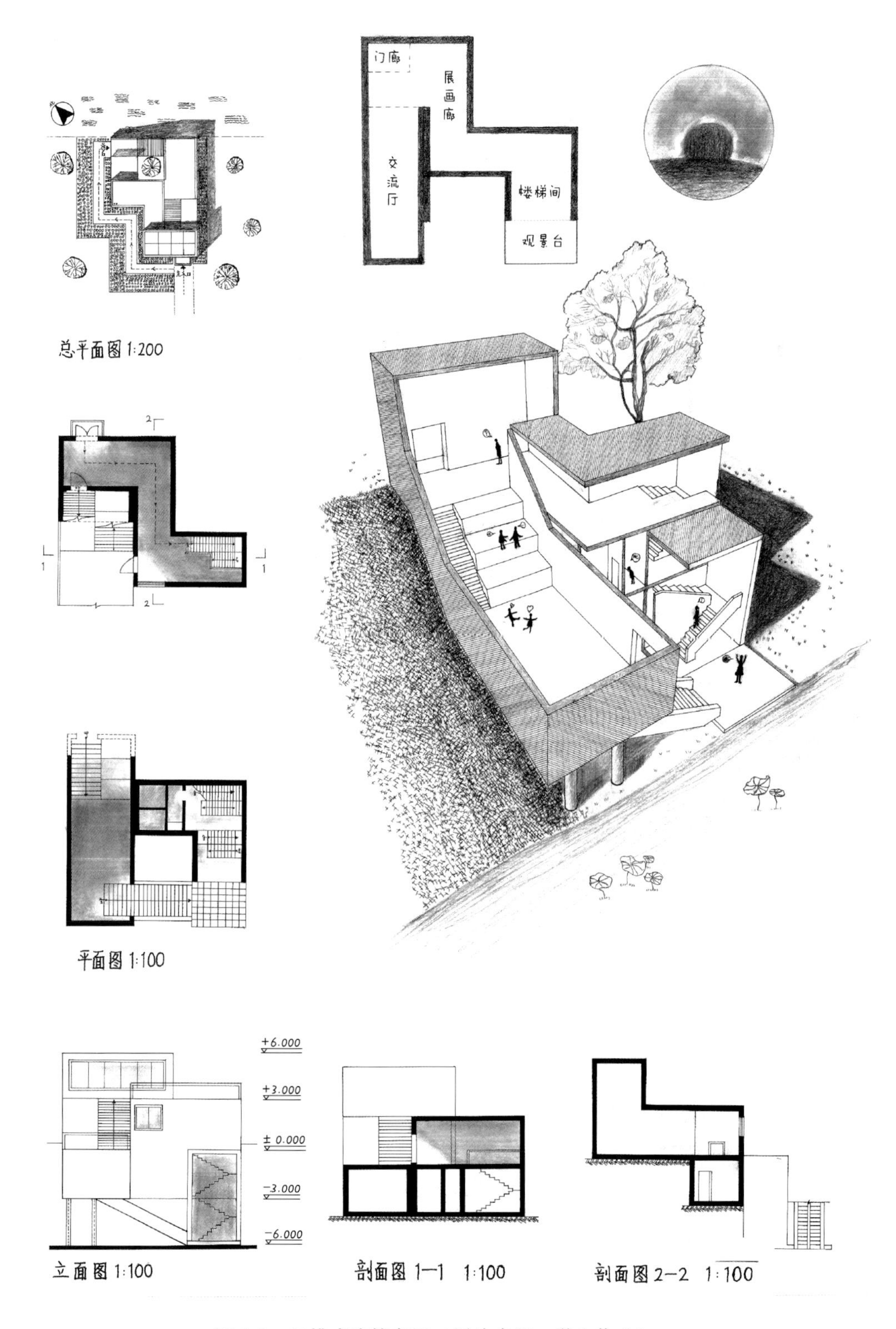

图 4-9 悬挑式建筑布局（图片来源：学生作业）

4）架空式，即建筑的底层不直接坐落在基地上，而是全部用柱子支撑，使建筑的底部完全架空，或者房屋的一部分支撑在柱子上的处理手法（见图 4-10）。

图 4-10　以桥作为建筑与道路的连接

5）埋藏式，即房屋全部或部分埋在地下，屋顶都可作为平台或绿地。无论是全埋式还是半埋式，都尽量地争取采用高侧窗或天窗进行采光通风。

4. 道路

道路应因地制宜，根据具体地形、地貌特点设计，尽量不做过多的挖土和填土，也不做太高的挡土墙，使车行道路蜿蜒在不同高度的坡地上，符合等高线的走向和高差要求，人行道路往往以缓坡与台阶形式出现在建筑群体之间。

5. 桥

在坡度较大的地方采用桥连接建筑与道路，或者用桥跨越水面连接建筑，桥会给人以比较特殊的空间体验。如图 4-10 的建筑坐落于一处约 20°倾斜角的坡道上，故三层主入口以木桥连接坡面，与湿地自然环境良好融合，浑然一体。半覆土式设计使建筑更好地顺应地形，同时添加了位于二层的次入口，使空间更为丰富，内部空间开阔，便于观景和交谈之用。

4.2 空间

本节主要是讲述空间尺度与空间操作两个部分，空间尺度是以人体尺度作为标准对建筑的量化，体现着人以自身作为主体对于空间的认知和使用，空间操作是空间生成与变化的基本的方法。

4.2.1 空间尺度

空间的认知是设计的开始，其不仅包括空间尺度认知、内外空间认知，还有对于空间形态、大小、长宽等多种的认知，其中最为重要的是空间尺度与人体尺度的认知（见图4-11）。作为初学者，首先需要掌握人坐、立、走时所需的空间的大小与尺寸。

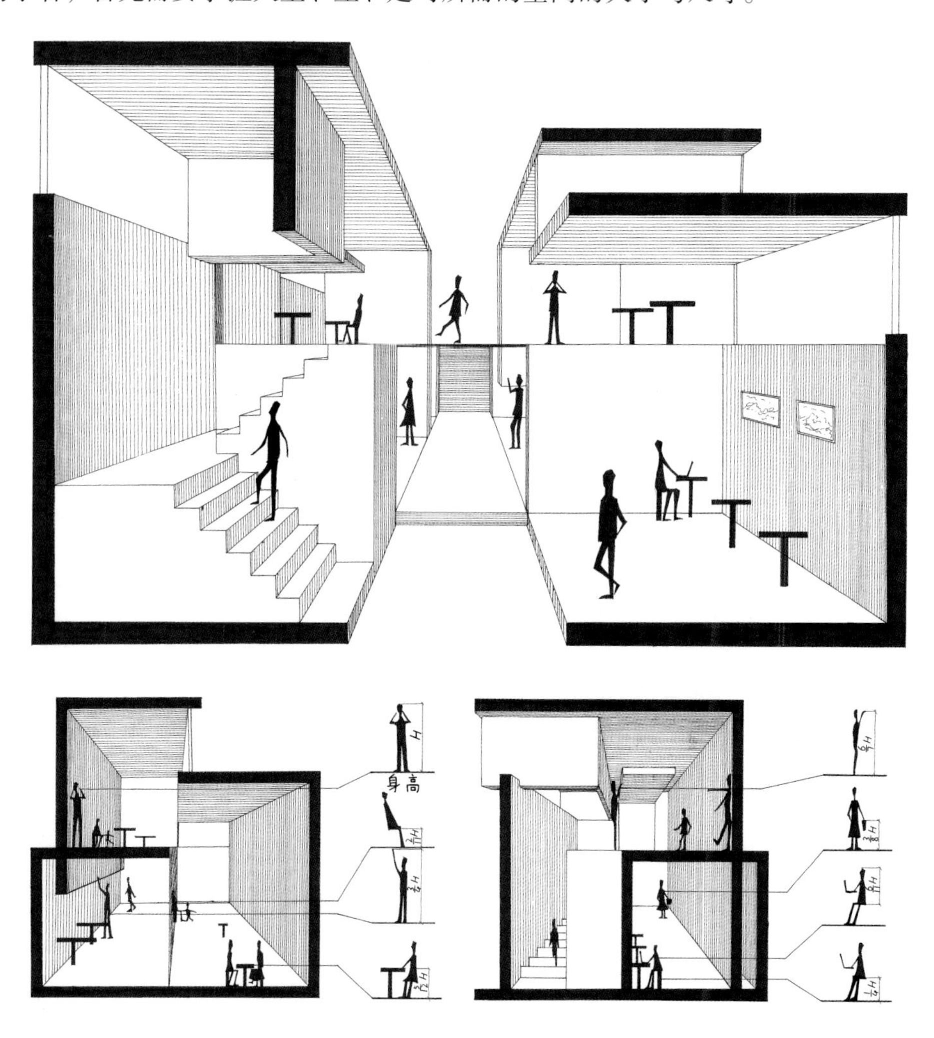

图4-11　建筑尺度分析图

建筑形成的空间为人所用，建筑内的器物为人所用，因而人体各部的尺寸及其各类活动所需的空间尺寸，是决定建筑开间、进深、层高、器物大小的最基本的尺度。作为一名建筑师，必须牢记各种尺度并随时拿出来用。诸如：人体的平均高度、宽度、蹲高、坐高、弯腰、举手、携带行李、带小孩以至于残疾人坐轮椅所需的活动空间尺寸等。也正是这些基本的尺寸数据，确定了家具、器物以及各种通道、房间的大小尺寸（见图4-12）。在建筑设计时，除了那些因为宗教、政治以及艺术需要夸张、夸大的尺度外，都不会离开以人体尺度为本源来决定建筑尺寸的原则。

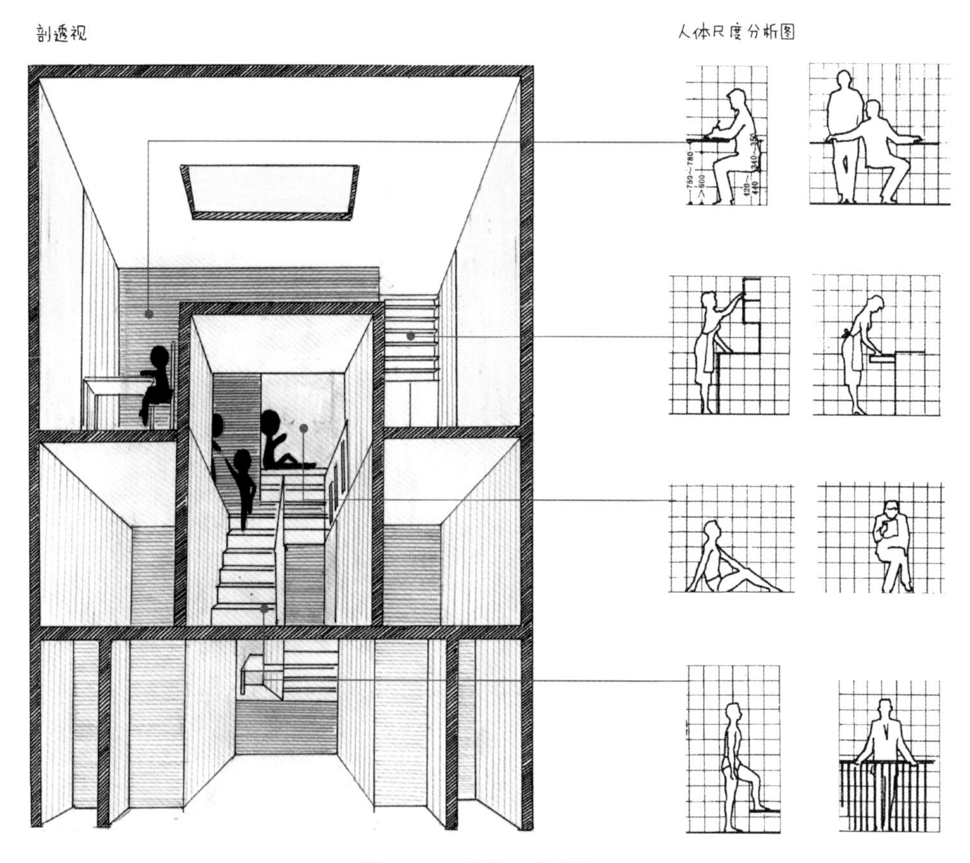

图4-12　人体尺度分析图

家具的尺度也是决定建筑空间的重要因素，例如床铺、书桌、餐桌、凳、椅、沙发、柜橱这些基本家具的尺寸，都是必须熟记的。重要的是家具要与人的活动配合起来，留出人使用家具和搬运家具所需的空间。人体、家具、活动空间构成了建筑设计尺度的基础。以下是一些最基本的尺寸规范（见表4-1）：

表4-1　建筑内的基本尺寸规范

名　称	高/m	宽/m
门	2	0.9~1.8
窗	0.6~2.4	0.6~2.4
走廊	2.2	1.2~2.4
台阶	0.15	0.26~0.30

1）门的尺寸：供人通行的门，高度一般不低于2m，宽不窄于0.9m。公共建筑的门宽一般单扇门为1m，双扇门为1.2～1.8m。

2）窗的尺寸：一般住宅建筑中，窗的高度为1.5m，窗台高为0.9m，则窗户顶端距楼面2.4m，还留有0.4m的结构高度。在公共建筑中，窗台高度0.9～1.8m不等，开向公共走道的窗扇，其底面高度不应低于2m。窗宽一般最小为0.6m。

3）过道的尺寸：规范规定住宅过道净高大于2.2m，宽不宜小于1m，也只是一人正行，另一人侧身相让的尺寸。公共建筑的过道的净宽，一般都大于1.2m，以满足两人并行的宽度。

4）楼梯的尺寸：楼梯扶手的高度（自踏步的前缘线算起）不宜小于0.9m；室外楼梯扶手高不应小于1.05m；楼梯平台净宽除不应小于梯段宽度外，同时不得小于1.1m；室内外台阶踏步宽度不宜小于0.3m，踏步高度不宜大于0.15m。

4.2.2 空间操作

空间操作主要通过利用体块和板片的操作来研究空间的形成。空间操作的最困难之处在于操作直接作用于体块和板片等要素本身，而往往容易忽视了空间，所以操作需要注意以下几点：

首先，要明确操作方法和先后顺序。鼓励对要素和空间关系的系统和基本研究。用操作和观察的互动推进研究的进行，不用过于关注最终的结果是否是一个完成品，同时要避免先入为主的想法。

其次，建立起操作、观察、记录的工作方法。有关操作方法的记录：拍摄照片时，通过操作形成空间，并观察空间，用素描描述空间，用数码相机或手机记录空间，对空间的观察必须从人眼高度出发，模型不能太小，观察时将视点降低。

再次，手绘图解时，需要以室内一点透视的方式绘制空间体验结果，并形成连续的透视图。数码相机的记录不能代替连续透视图，因为透视图包含了对空间基本特征的抽象。在绘制透视图时，要观察光线在空间中产生的阴影关系，并对光影进行描述。同时，还要用拍照的方式记录并模拟不同时间的光线在空间中的效果。

1. 操作要素

一般空间操作针对的要素主要有两种：板片、体块（见图4-13和图4-14）。板片空间则采用不同厚度和硬度的纸板，如卡纸板、PVC板、瓦楞纸板等，由于材料的性能差异，有的纸板可弯曲、折叠，有的纸板则只能切割后再连接，因而产生的空间形式是有差别的。体块的材料可采用实体的泡沫块、花泥、肥皂块等，也可用卡纸围合生成实体块进行操作。从花泥中掏洞形成的空间和用卡纸板生成的实体块在空间感觉上存在差异，花泥的操作是一种减法操作，卡纸板的操作则是一种加法操作，花泥中“虚”与“实”的关系与实际可使用的空间是直接对应的，不可使用的空间被填实，而卡纸板生成的实体块中不可使用的空间只是封闭的“腔体”，并非真正的实体。

2. 操作方法

针对体块的操作主要有以下8种：常见的空间操作方法有重复、偏移、分割、连接、扭转、变异、叠积、消减，这些操作手法都可以用于体块模型（见图4-15）。

如该方案在对体块的操作中（见图4-16），首先通过对形体的斜向分割，形成两个上

图 4-13　板片空间操作

图 4-14　体块的空间操作

下分离的体块。其次，采用核心筒将其连接，使得上层的体块能够依靠核心筒悬浮于空中，并通过核心筒对内部空间进行采光设计，最后通过对上下两个体块的局部掏挖形成门窗的洞口（见图 4-16）。

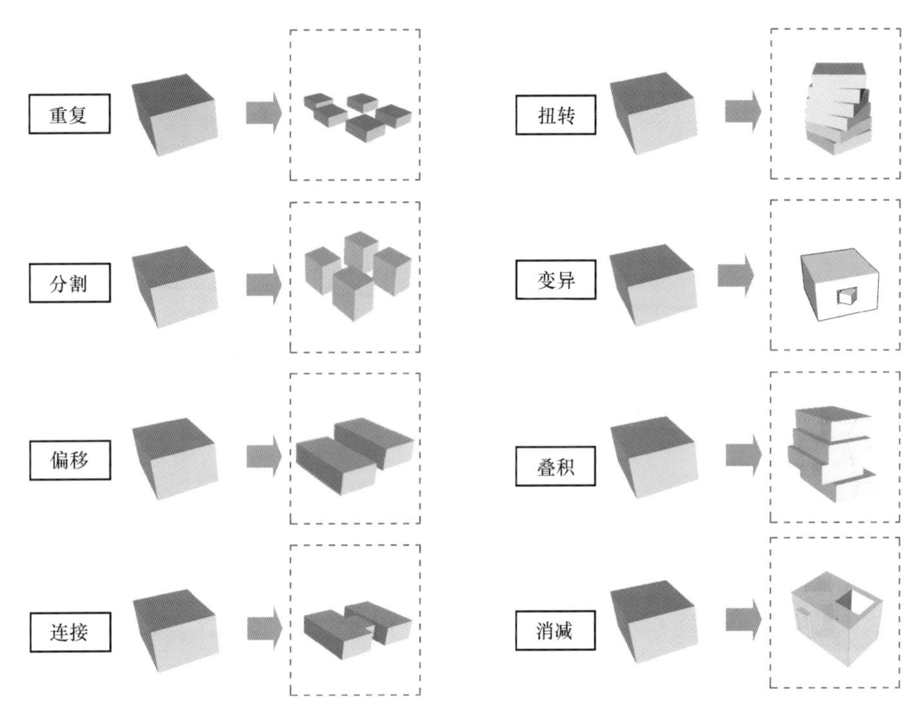

图 4-15　体块的空间操作方法

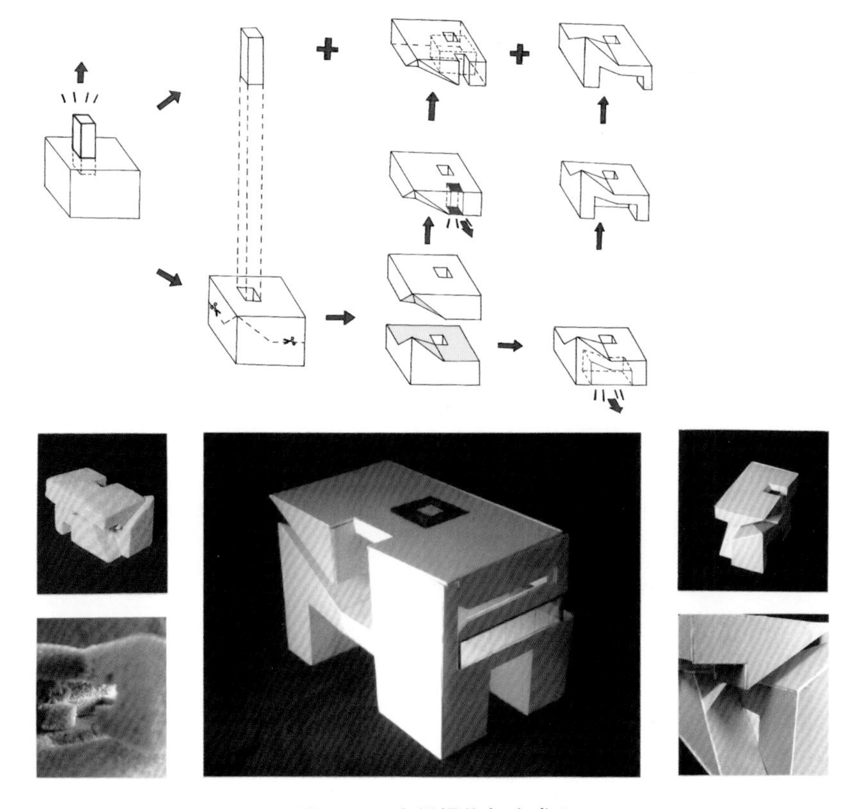

图 4-16　空间操作与生成 1

再如该方案选择在立方体的六个面上分别进行掏挖（见图 4-17），并在内部相交，使得被掏挖的空间连续起来。由于每次掏挖的位置、高度、大小都不一样，所以，在体块的内部空间中形成叠错而丰富的空间效果。

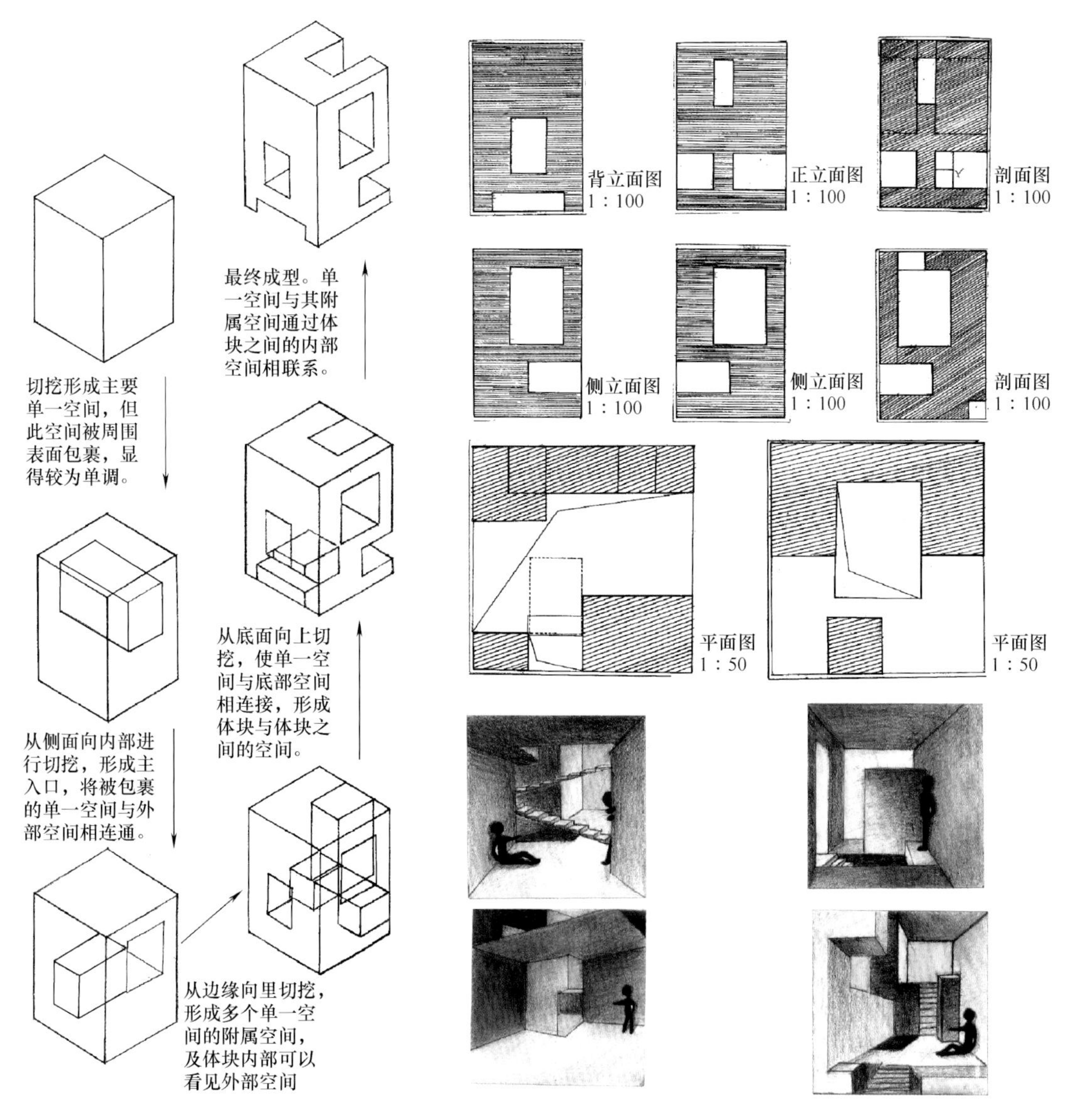

图 4-17　空间操作与生成 2

又如该设计通过对体块的掏挖形成空间，其掏挖时采用连续的空间体作为消减的对象，力求立方体中的空间形成一个连续的虚空间，并反映在外部形体上。同时，其设计还反映在如何将体的关系逐步转化为面的关系，最后转化为结构线的关系上（见图 4-18）。

针对板片的操作主要有以下几种：有一字形板片、L 形板片、U 形板片等。一字形板片通过连续弯折可以形成围合的有意图的空间，也可以通过平行板的弯折操作产生空间（见图 4-19）。L 形板片单元的重复和搭接，可以产生新的形式。板片的操作关注板的连接方式，如插接、搭接、转接、分离，以及板与板的相对关系，如板片的错动、滑移等，水平板

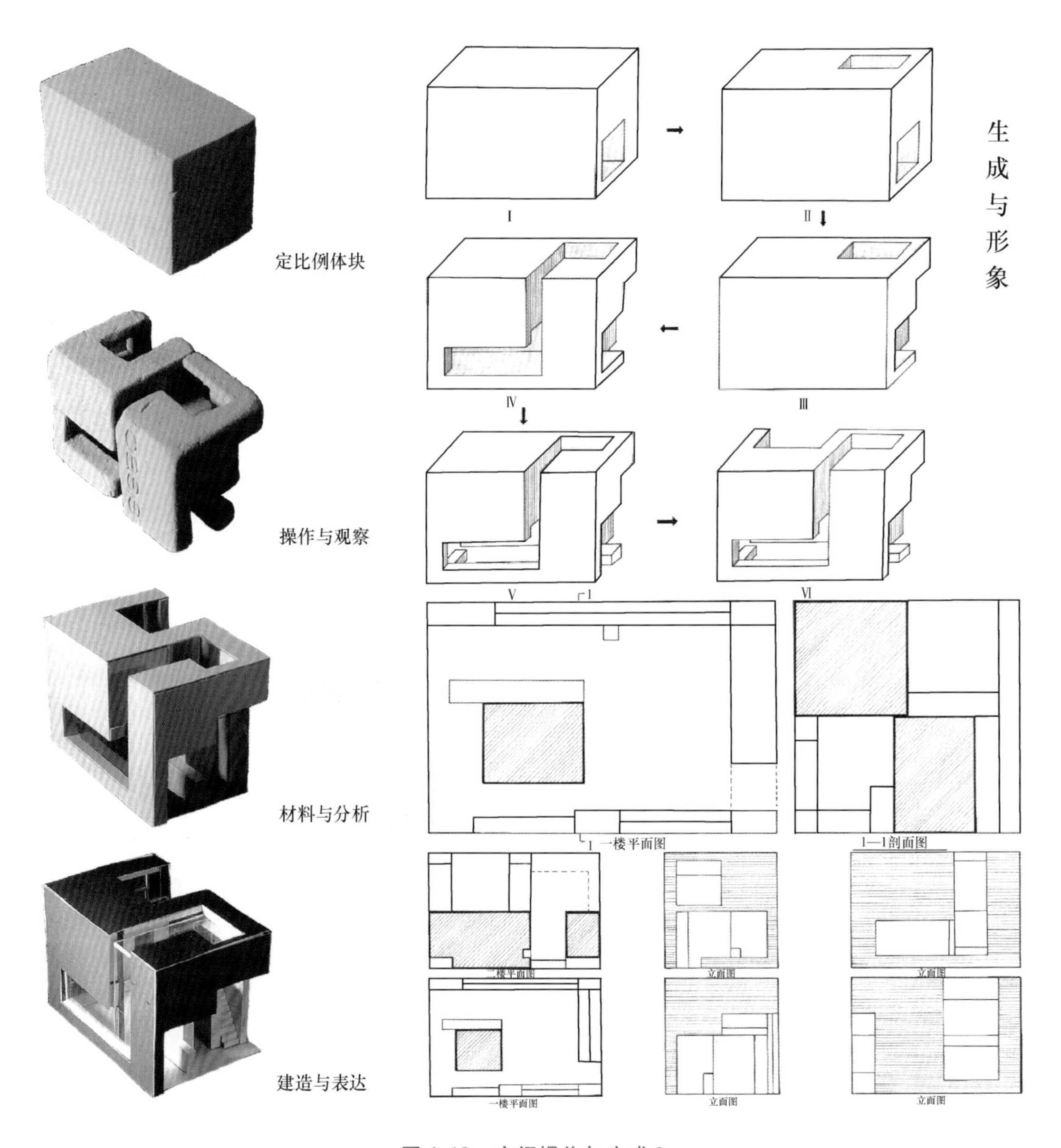

图 4-18　空间操作与生成 3

与垂直板的延伸也能产生不同的空间特征。

例如，某方案选取一片可以弯折成筒体的纸片，并在纸片上切割，通过向内或向外弯折的操作形成空间。弯折的部分可以作为墙体或楼板，而弯折的墙体和楼板也可以相互搭接形成稳定的结构体。同时，可以通过控制搭接板的长度与每块弯折板的高度，来不断调节室内空间的变化（见图 4-20）。再如图 4-21 所示，该方案将两片 U 形板片分为水平的非承重板与垂直的承重板，并对承重板与非承重板进行插接，通过对两块 U 形板片进行多次的切割、弯折的操作，形成相互制约并相互支撑的连续板片，在保证竖向承重板力学性质的同时，水平板起到了连接与稳定竖向板片的作用。最终，两块板形成了上下连通、左右相交的丰富空间（见图 4-21）。

空间示意图

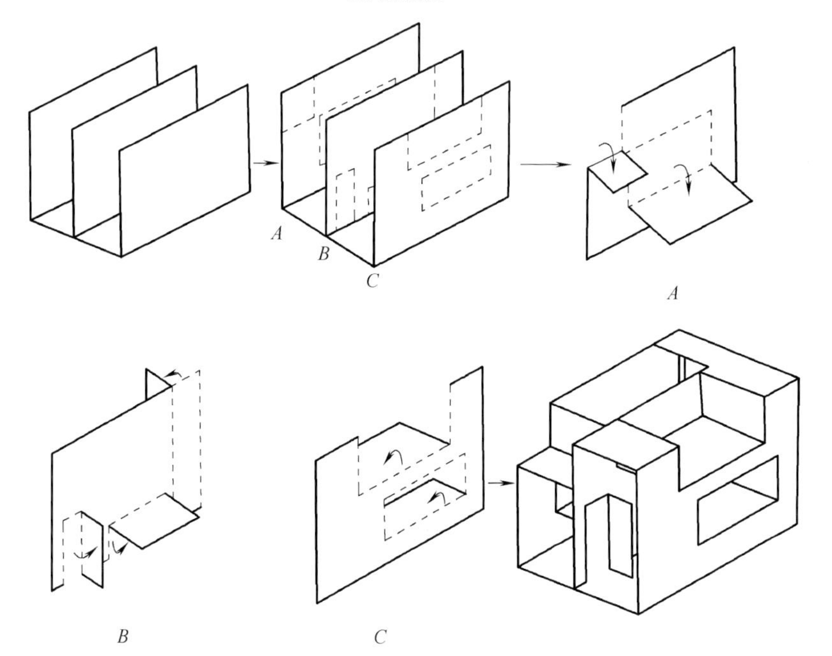

三块平行板的折叠操作

空间示意图

图 4-19　三块平行板的操作

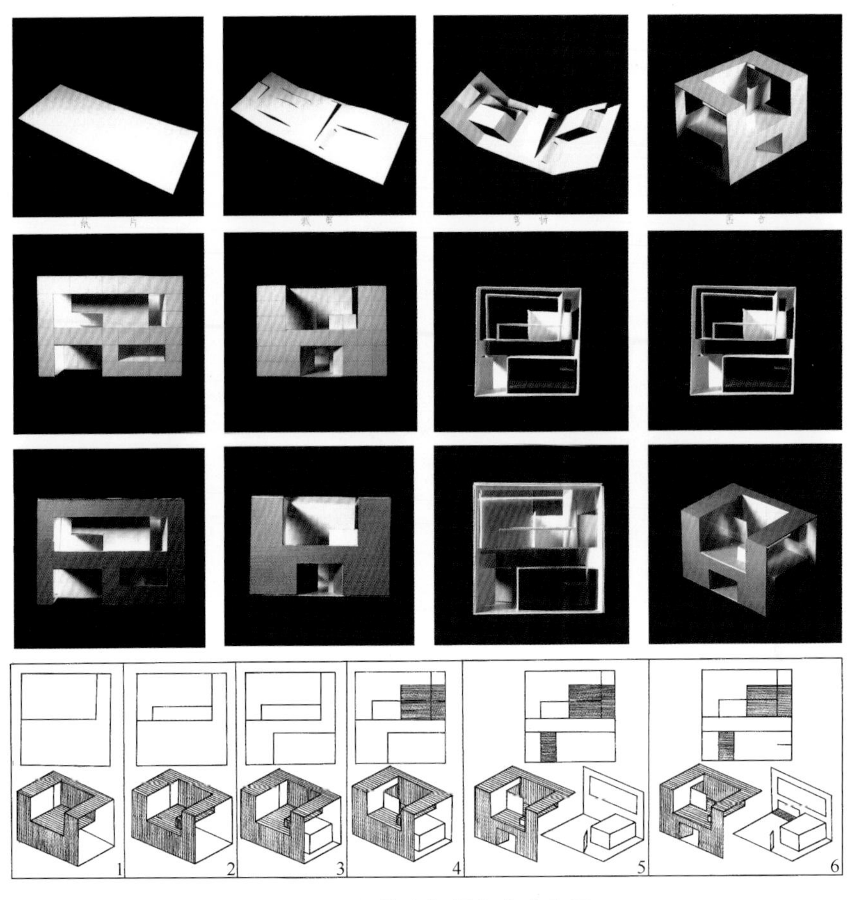

图 4-20　纸的弯折操作生成空间

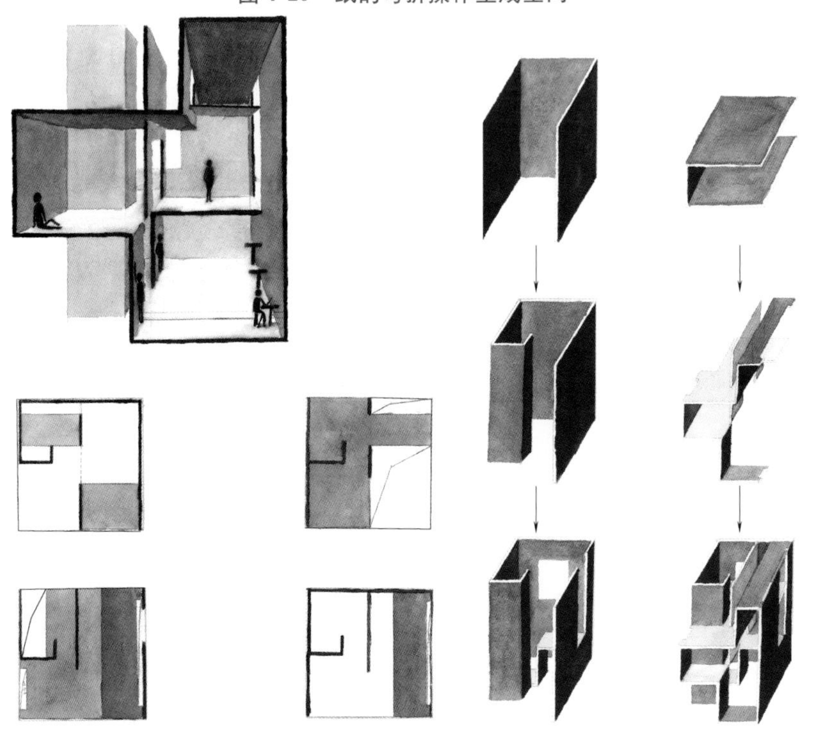

图 4-21　垂直与水平 U 形板的操作

该设计利用多块不同 L 形板的咬合、穿插与相互支撑，形成一个高低错落，具有节奏感与韵律感的空间。最后，采用玻璃面进行二次围合，形成具有完整气候边界的空间（图 4-22 和图 4-23）。

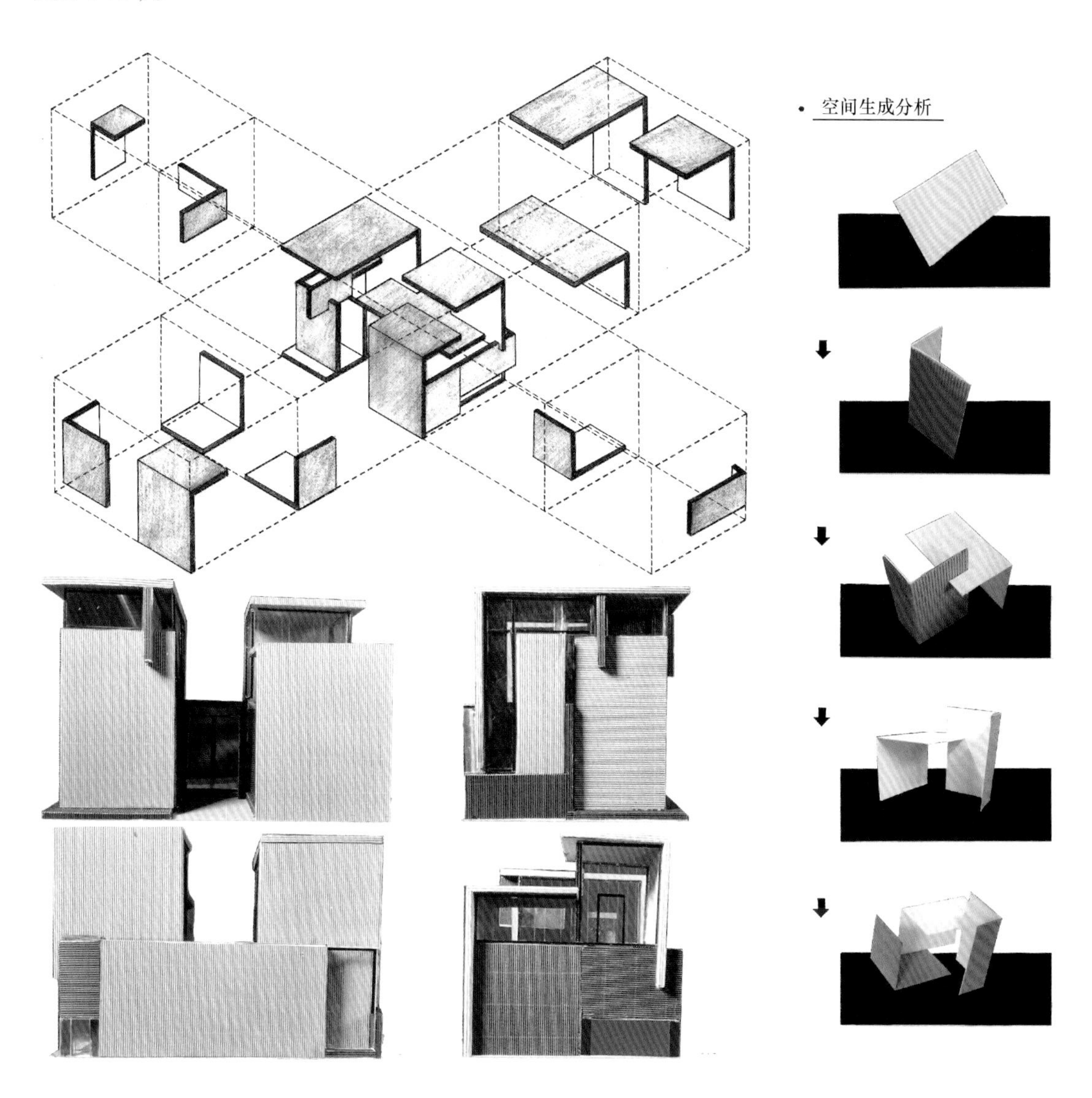

图 4-22　多块 L 形板的组合操作

3. 空间的操作与观察

起初学生对材料的操作一般是无意识的，操作直接作用于材料本身，对操作方法和手段的过分关注，使得学生常常忽视了操作的最终意图——空间生成。

因此，在教学中我们引入新的手段——空间观察（见图 4-24），通过对操作模型的观察和体验，形成对空间的感知，并将这种空间感知以一点透视的方式记录下来，透视通常在 10mm × 10mm ~ 15mm × 15mm 的正方形框图内绘制完成。绘制时需区分背光面、侧光面、受光面三种关系。空间观察一直伴随着操作过程的每一步，通过反复的操作与观察，逐步让学

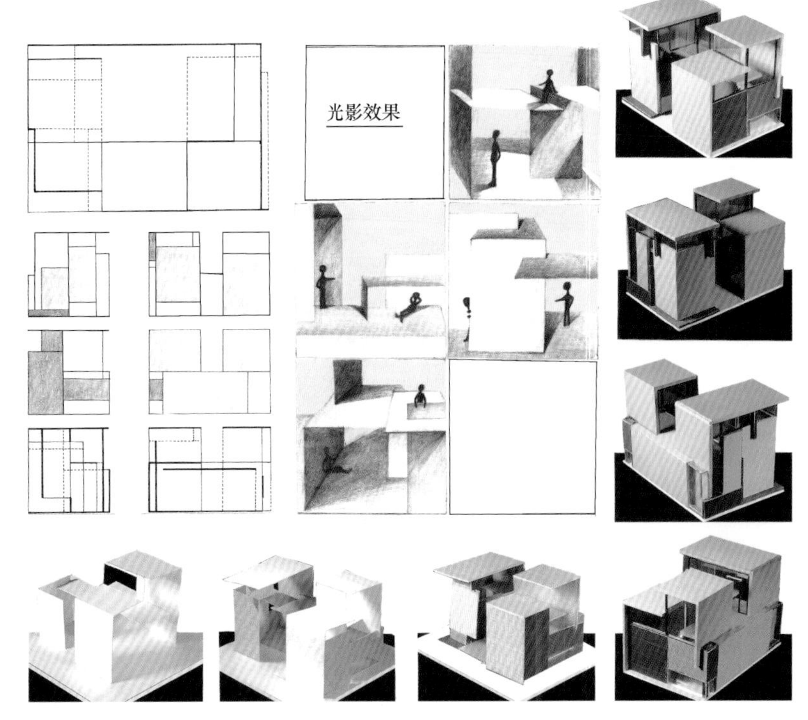

图 4-23　多块板的组合

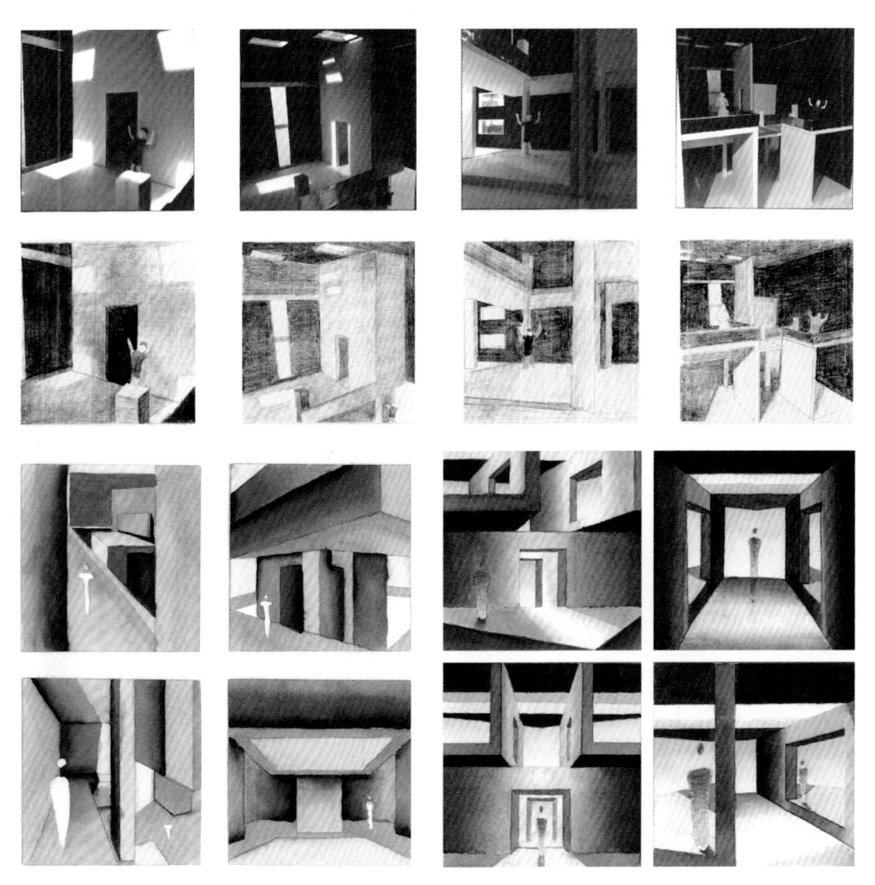

图 4-24　空间透视图

生理解什么是好的“空间”。在空间操作中，应该力图使操作富有逻辑性、目的性，并让操作的过程非常的清晰，将无意识的行为变为有意识的控制。最终的评价标准归结为空间的质量，即创造有品质的空间，如空间的对比和变化，方向、视线、光线与空间的关系，以达到丰富的空间体验。

例如，某设计采用分层掏挖的方式，通过在不同的面上掏洞形成错落的空间并将其在内部连接起来，形成一个连续的虚空间。通过多次的操作后，最终形成由六个筒体分层叠加的效果，六个筒体作为结构也作为附属空间，并将不同的三个平面分开（见图 4-25）。

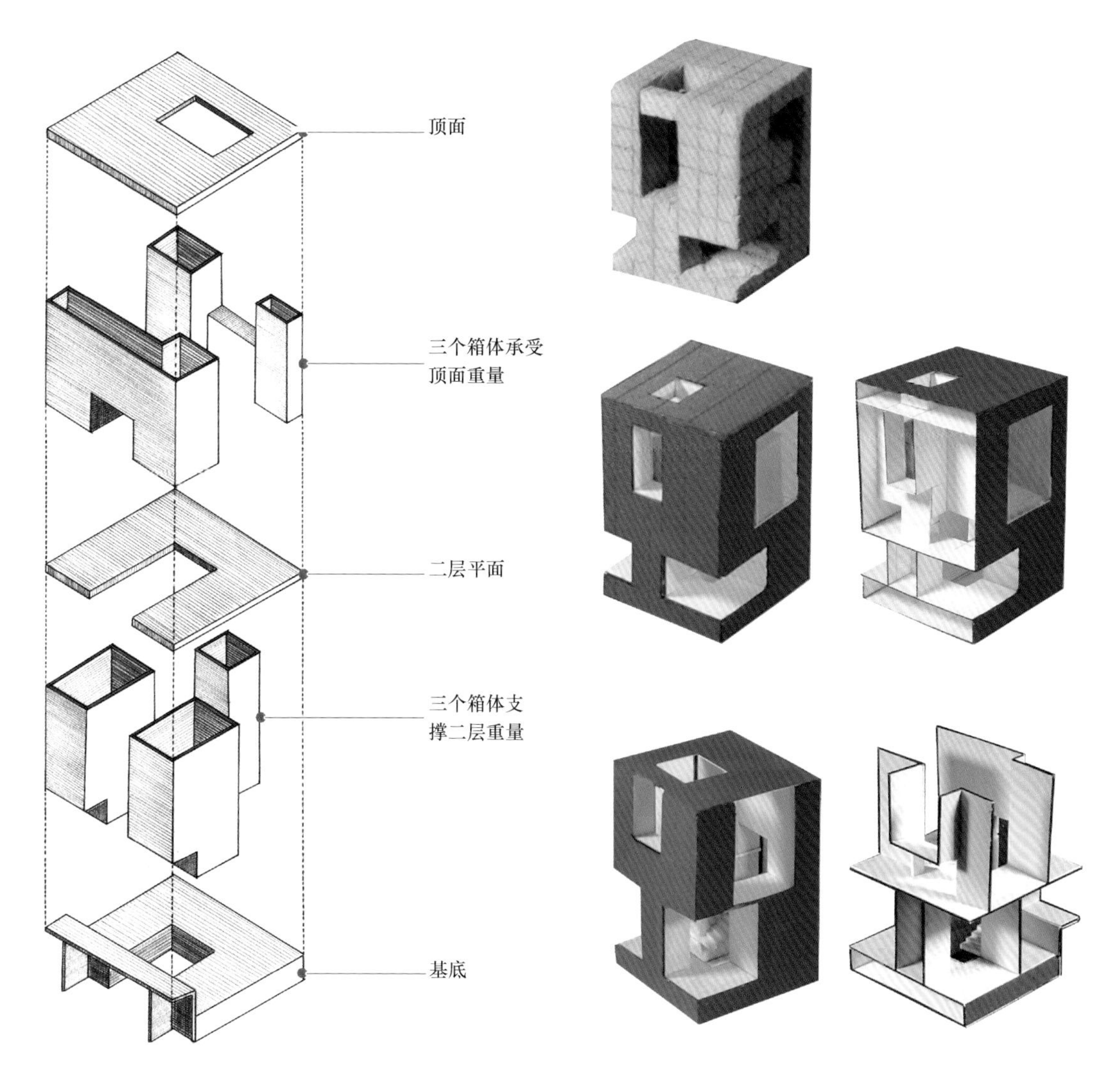

图 4-25　空间生成图（图片来源：学生作业）

再如，某设计采用三片平行板进行空间划分与结构支撑，设计中通过板的弯折与左右搭接，形成三块板之间相互连接的关系，不仅强化了结构体系的稳定性，还形成了不同高度的平台，增加的空间的趣味性（见图 4-26）。

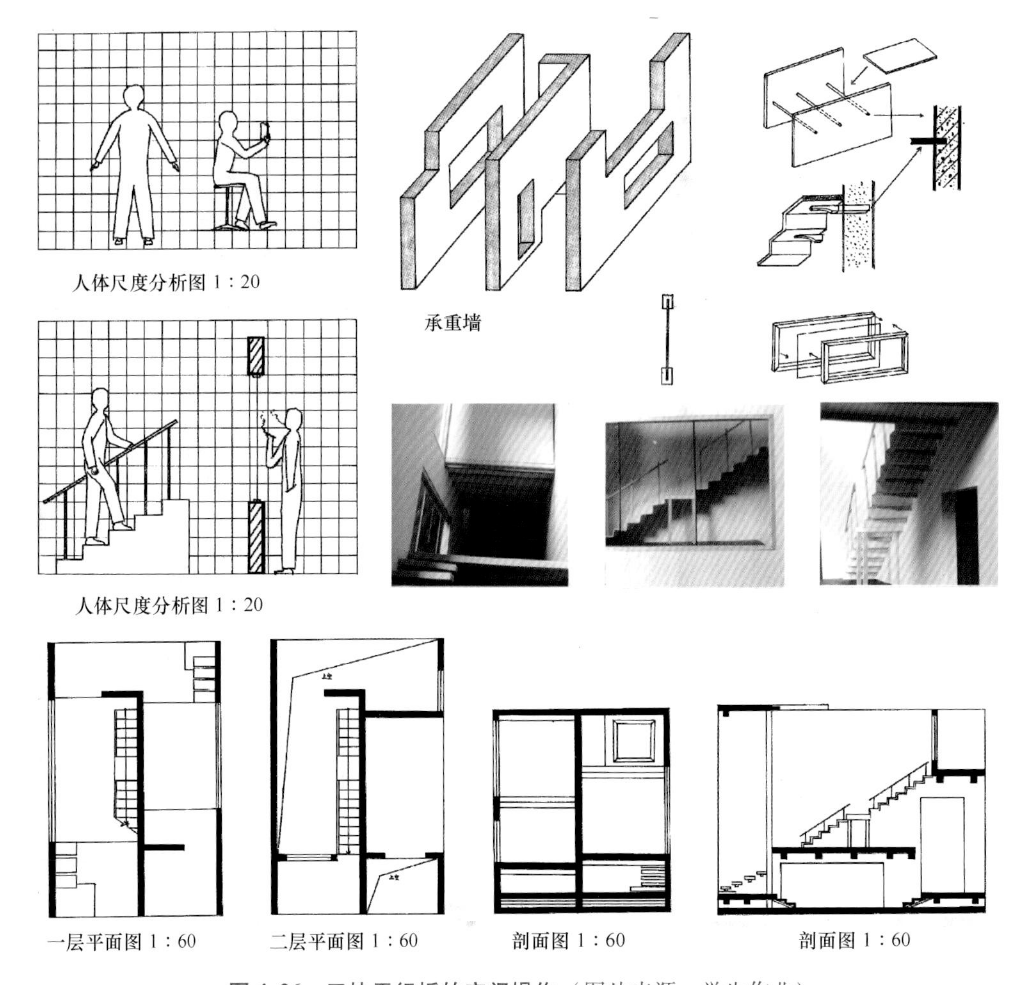

图 4-26 三块平行板的空间操作（图片来源：学生作业）

4.3 材料

建筑材料是指建筑中用于围护空间的物质实体。在一栋建筑中，材料能够反映建筑表面的形态，传递空间给人的感受。环顾四周，石墙面、砖墙面、玻璃面、钢和木材面，这种种细腻的、粗糙的、透明的、现代的和传统的材料无一不在显示自己的形态，而不同的材料以及不同的建造方式也因此传达了不同的内涵。纵观建筑历史，建筑材料的运用往往给一定时期的建筑形式和风格的形成带来巨大的影响，材料和气候的地区性差异是形成古代不同区域文明的建筑特点的物质因素和环境因素。

4.3.1 材料的种类

建筑的建造材料种类很多，一些轻型材料主要用于围护结构，如玻璃、穿孔板等，而另一些较重或强度较高的材料主要用于结构支撑，如土、砖、石、木、砼、钢等。

1）木：木材直接取自天然树木，由于其竖向抗压与横向抗弯性能好，一般可以作为建筑的梁、柱等，还可以作为围护构件，木材具有重量轻、强重比高、弹性好、耐冲击、纹理色调丰富美观，加工容易等优点。

2）土：以生土作为主要原料的建筑称为生土建筑，生土建筑常采用未经焙烧的土壤或简单加工的原状土作为主体材料，辅助以木、石等天然材料作为建造主体结构的建筑材料。即将黄土、石灰、沙子以一定比例加水搅拌后夯筑（见图 4-27）。

图 4-27　夯土模型

3）混凝土：混凝土是指用水泥作为胶凝材料，砂、石作为骨料，与水按一定比例配合，经搅拌而得的水泥混凝土，它广泛应用于土木工程。混凝土具有原料丰富，价格低廉，生产工艺简单的特点，同时混凝土还具有抗压强度高，耐久性好，强度等级范围宽等特点。

4）砖：砖是传统的砌筑材料（见图 4-28）。砖由土坯砖、矿渣混合物等烧结而成，分

图 4-28　砖砌块

类按材质分有黏土砖、混凝土砖、空心砖等。其特点是需要砌筑形成墙体。常用的有普通红砖或灰砖，其标准规格 240mm × 115mm × 53mm；一般内墙厚度 120mm，外墙厚度一般为 240mm 或 370mm。

5）钢：钢是含碳量在 0.02% ~ 2% 的铁、碳合金。钢材的特点是强度高、自重轻、整体刚度好、可变形性强，故用于建造大跨度、超高和超重型的建筑物特别适宜；钢的材料塑性、韧性好，可有较大变形，能很好地承受动力荷载，其常采用焊接或螺栓进行连接。

6）石：石材种类繁多，有花岗岩、大理石等类型。石头作为建筑材料，有抗压强度高、耐久时间长等特点。一般将用于建造的石头切割为大小一致的砌块后，再用砂浆等砌筑。由石材形成的墙体比较厚重，而且可以有较大的承载力。

7）玻璃、穿孔板等：玻璃、穿孔板等材料，具有透明性或半透明性，这些材料自重轻，主要作为轻型围护材料依附于框架结构。在设计中，通常因为模型过小，围护材料不需要考虑自重等因素，这些材料最容易被忽视其自身的材料肌理与建造特点。但如果我们换一个角度思考，将这种围护空间的材料作为建筑的“表皮”进行设计，这样就给材料带来极大的灵活性和表现力（见图 4-29）。

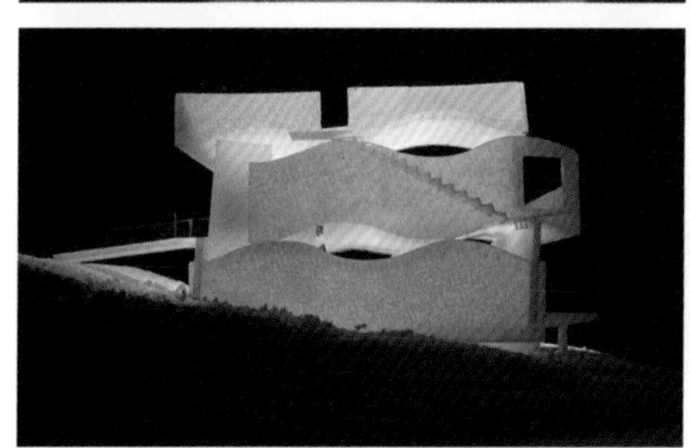

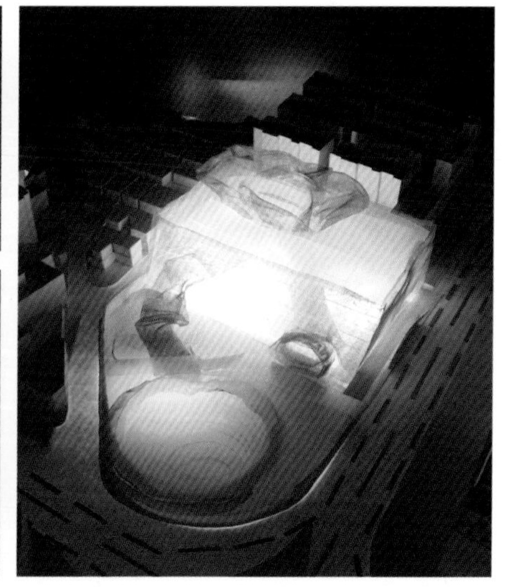

图 4-29　光与建筑表皮

4.3.2　材料的特性

一般来说，无论是建筑材料还是模型材料，其都包含有三种特性：色彩度、质感和透光性。

1. 色彩度

有彩色系的颜色具有三个基本特性：色相、纯度（也称彩度、饱和度）、明度。

色相是色彩的最大特征，能够比较确切地表示某种颜色的名称。许多建筑材料也有着自己独特的色彩，如木材是黄色或赭石色；石材是白色；混凝土是灰色；钢是黑色或银灰色；铁是铁红色；砖是砖红色或灰色。一般在建筑设计的阶段，为了更好地操作和辨识材料，可以采用有色的卡纸代替不同的材料类型，如灰色卡纸代表混凝土，赭石色卡纸代表木材。一般设计初期选择的材料不要超过三种，用具有明显对比的材料。但是卡纸的色彩也不能代替最终的模型色彩，因为材料质感的不同会导致材料缺少真实性。

明度是指色彩的亮度或明度。颜色有深浅、明暗的变化。比如，深黄、中黄、淡黄、柠檬黄等黄颜色在明度上就不一样。一般在设计中常常加大环境与建筑的色彩明度差距，让其有清晰的对比效果（见图4-30）。

图4-30　建筑与环境具有明显对比的模型

纯度是指色彩的纯净程度，它表示颜色中所含有色成分的比例。含有色彩成分的比例越大，则色彩的纯度越高；含有色成分的比例越小，则色彩的纯度也越低。当一种颜色掺入黑、白或其他彩色时，纯度就产生变化。一般在选择用色上尽量采用纯度较低的色彩，因为真实的自然中很少有色彩纯度高的材料，纯度低的色彩会更加接近建筑材料本色。

2. 质感

质感即材料的表面所透露出的材料材质和肌理特征。不同的物质其表面的质感不同，如具有自然质感的水、岩石、竹木等；或具有人工质感的砖、陶瓷、玻璃、布匹等。不同的质感给人以软硬、虚实、韧脆、透明与浑浊等多种感觉。

一般材料的质感还体现了建造方式等特征，如作为砌筑材料的砖、石的排列方式以及组合方式。又如浇筑材料的表面肌理往往由其模具所决定，由于其可塑性很强，常常将模具的肌理反映出来，夯筑材料的肌理也由材料的配比以及建造方式决定。夯筑最大的特色就是分层夯筑，将不同颜色的土按不同的顺序与量的多少加入墙体，可以产生山水画一样的特色墙面（见图4-31和图4-32）。而作为穿孔铝板等表皮的肌理，往往由板上图形的形状、比例、大小、数量所决定。

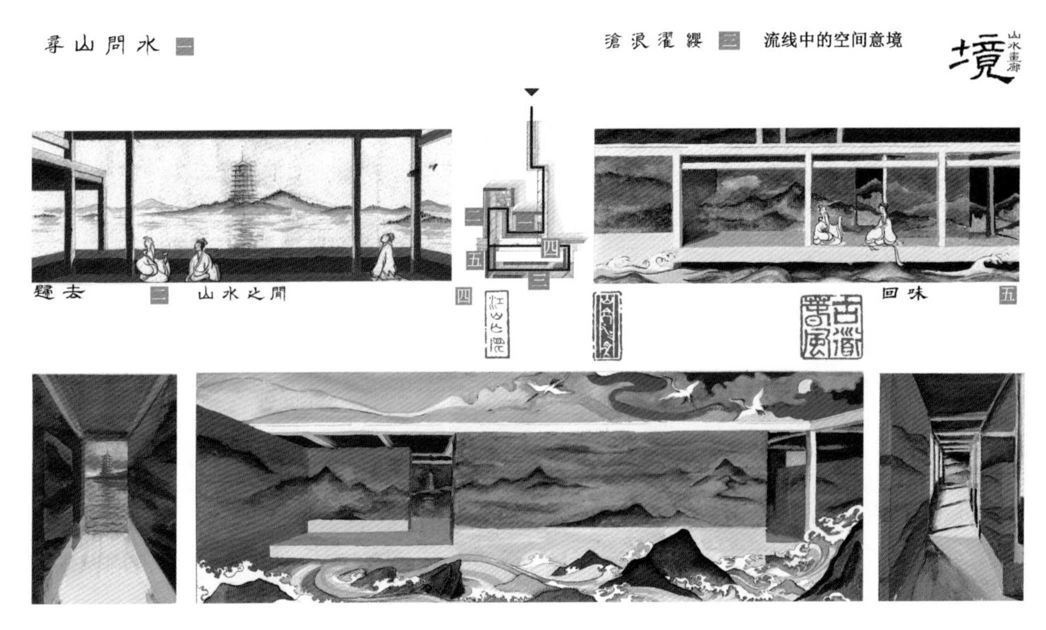

图 4-31 “黄土境山水画廊”——画境

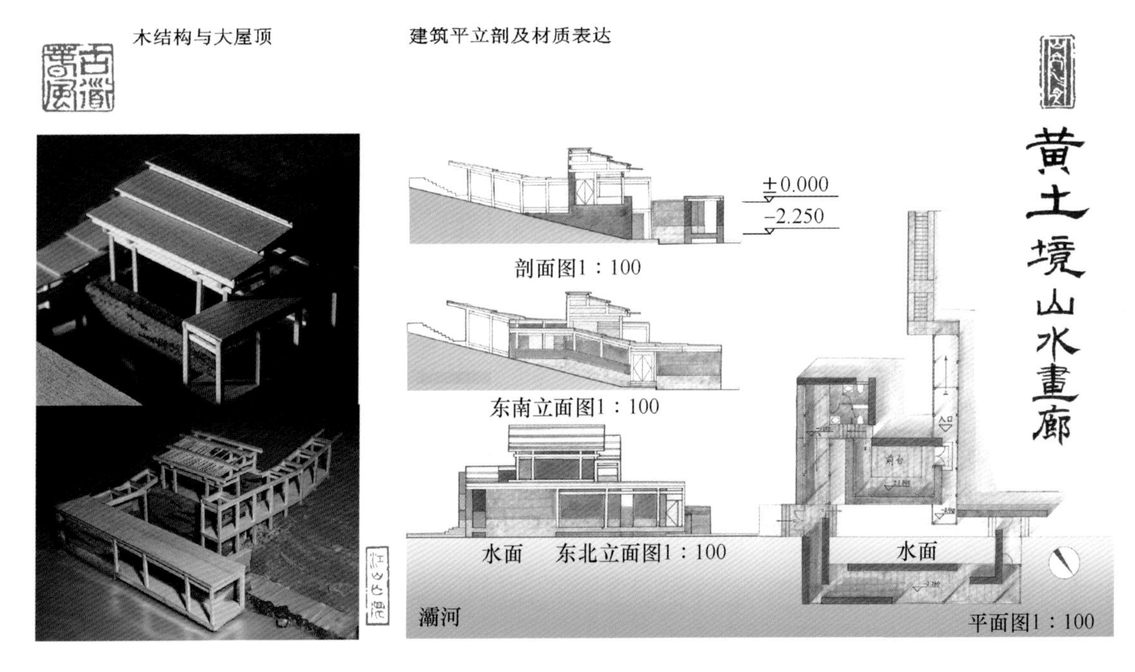

图 4-32 “黄土境山水画廊”——模型与图纸

3. 透光性

材料的透光性即材料对光线的阻碍、反射、穿透性。在设计中可运用透明材料、半透明材料和不透明材料的对比。玻璃一般作为透明材料，砖、木等一般作为不透明材料，这些都比较常见。这里主要介绍半透明材料。

半透明材料主要有磨砂玻璃、穿孔铝板、以及百叶窗等材料，这些材料都具有极强的表现力。由于材料的半透光性、多孔性和半遮挡性，这些材料常常将室内的空间特征传递到室外，或将室外的环境特征传递到室内，体现出若隐若现的效果，这种材料常与玻璃幕墙一起用作为轻型围护材料使用。尤其是在框架结构建筑设计中，这种材料的运用常常成为设计中的闪光点（见图 4-33）。

图 4-33　穿孔铝板的夜景效果

4.4　建造

肯尼思·弗兰姆普敦在 19 世纪德语区建筑理论成果的基础上，发展出了当代建构理论，在《建构文化的研究：论 19 世纪和 20 世纪建筑中的建造诗学》中将“建构”解释为“诗意的建造”或“空间与材料”，这两点可以被认为是建筑最基本的两个要素，二者之间互为依托的关系。香港中文大学顾大庆教授以“建筑 = 材料 + 建造──→空间”的公式来表达对于建筑基本问题的看法。可以看出，建造是以空间为目的、以材料为手段的。通过对不同材料特性的把握和运用而达到真实建造空间的目的。但是建造问题是非常错综复杂的，不仅仅是纯粹的技术问题，还与地域气候、社会历史、政治文化等因素相关联，本书在这里仅仅对材料与建造进行简单的阐述。

19 世纪德国学者散普尔曾将建筑建造体系区分为两大类：第一种，框架的建构学，不同长度的构件结合起来围合出空间域（见图 4-34）；第二种，受压体量的固体砌筑术：通过对承重构件单元的重复砌筑而形成体量和空间（见图 4-35）。第一种，最常见的材料为木头和类似质感的竹子、藤条、编篮技艺等；第二种，最常用的是砖，或者近似的受压材料如石头、夯土以及后来的混凝土等。在建构的表现上，前者倾向于向空中延展和体量的非物质化，而后者则倾向于地面，将自身厚重的体量深深地埋入大地。建构研究所针对的设计应该是那些把空间和建造的表达作为一个重要追求目标的设计。

图 4-34 “框架的建构学”形成的建筑构件

图 4-35 固体砌筑术

4.4.1 材料的建造方式

关于建造与材料，两位建筑大师都曾对该问题进行过现象学的阐释。路易斯康曾这样解释砖的建造问题："你对砖说：'砖，你想成为什么?'砖对你说：'我爱拱券。'如果你说；'拱券太昂贵了，我可以用一根混凝土过梁放在门窗洞口上。你怎么认为，砖?'砖说：'我爱拱券。'"其体现了砖作为受压材料的力学特性与建造特点。柯布西耶曾经说："结构是非常简单的，你只要知道'惯性矩'的概念。"其阐释了框架结构的力学特性与建造特点，也说明框架结构具有较好的抗弯性能。以下就从我们常见的几种建造方式：浇筑、砌筑、夯筑以及框架来进行说明。

1. 浇筑

使用模具进行浇筑的材料称之为浇筑材料，浇筑材料主要是混凝土，我们常常用这种材料做墙及屋盖、楼板等。浇筑材料通常可塑性很强，其可塑程度取决于材料的特性以及对材料的处理方式。在这类材料所形成的空间中，材料表面肌理往往由其模具所决定，完成的模型所具备的材料质感与建筑的真实感，是其他类型材料制作的模型所无法比拟的，如采用木材作为模板，混凝土表面就留有木纹。此类建筑模型的制作中，其设计的难点是模具的设计，而制作模具的过程就是对空间的反向思考过程。可以说，整个模型制作过程实现了两次空间转换，由虚到实，由实到虚，通过这种反向的思维方式，让学生对空间有了更好的理解。同时，浇筑材料形成的模型浑然一体且不存在接缝，对空间有极好的表现。此外，混凝土具有较好的抗弯性能和悬挑性能，可以做挑阳台以及穹顶等（见图 4-36）。

图 4-36　弧形悬挑混凝土模型

2. 砌筑

砌筑是指用来砌筑、拼装或用其他方法构成承重或非承重墙体或构筑物。砌筑材料主要包括传统石材、砖、瓦及砌块。这类材料所形成的空间中，材料可以直接作为支撑结构与围护结构，一般其所形成的墙体具有相当大的厚度，会将其力学性质完美地呈现。同时，砌筑所产生的缝隙，可以作为天然采光的洞口，这些都会将材料的空间属性体现出来。砌筑作为一种比较原始的建造方式，其建造的跨度比较小，墙体需要连续且多方向的相互支撑。对于砖来说，其特点在于容易形成曲面或是拱券，还可以用叠涩的手法进行砌筑，形成丰富的肌理效果。

例如以下方案以砌体入手，选择三种不同的石头砌块组合，方案利用叠错的砌块形成丰富的光影效果，同时对顶部的长石板采用石柱进行支撑，增加其受力的合理性，并利用砌块形成不同的家具，门窗洞口等，营造了一个具有原始气息的石穴空间（见图 4-37）。

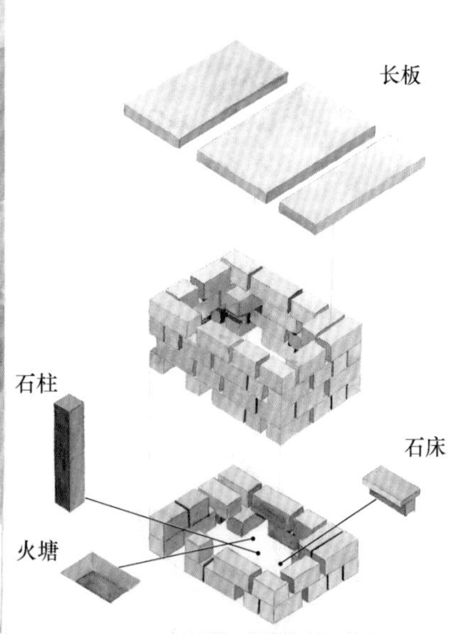

图 4-37 “石穴”砌筑模型

3. 夯筑

夯筑就是用重物把粒状材料砸密实的建筑方法，夯筑材料主要是土，在我国今天的偏远地区仍在大量使用。夯筑也是一种比较原始的建造方式，其建造的跨度也相对比较小，且墙体需要连续且最好纵横墙相互交错。夯土墙的特点是结构整体性，所以在夯土墙上开窗、开洞都会对夯土墙本身结构的整体性产生较大的影响，但由于夯筑工艺本身的特性，可以通过预埋各种窗洞而形成独特的开窗方式。此外，夯土墙的材料具有较强的颗粒质感，改变夯土材料的配比可以使得材料肌理有多种呈现方式，而夯筑最大的特色是分层夯筑，通过用不同颜色的土，可以清晰地区分出人工建造的痕迹（见图 4-38）。

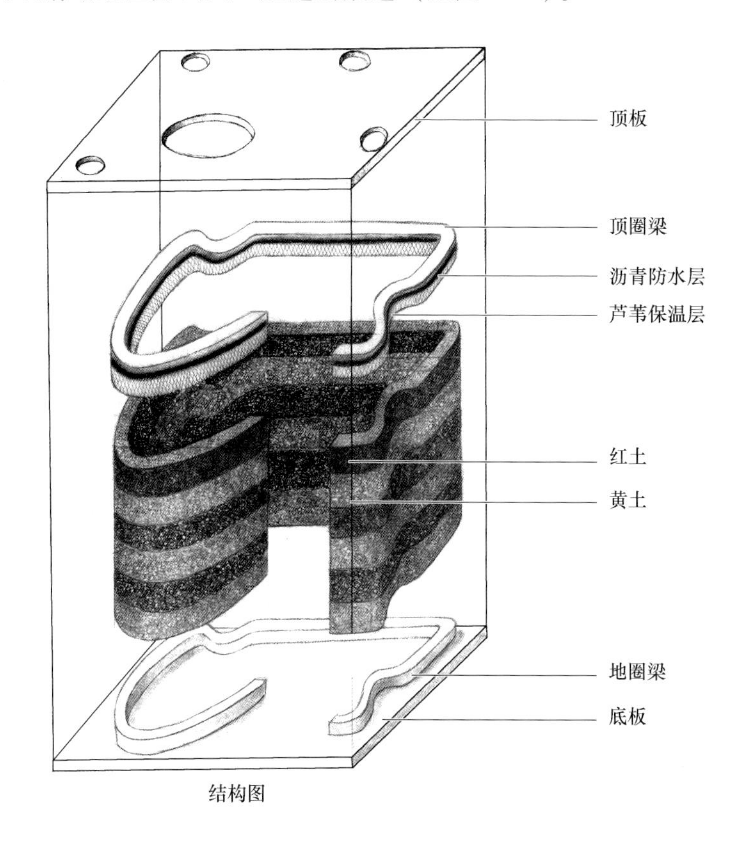

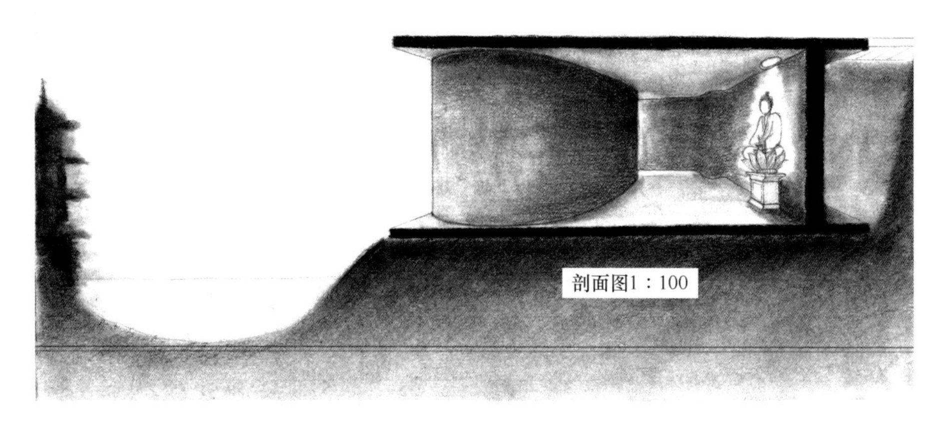

图 4-38　“隐匿”夯筑土墙

4. 框架

框架是指由梁和柱子以刚接或者铰接相连接而成的构成承重体系的结构，即由梁和柱子组成的框架共同抵抗水平荷载和竖向荷载。按所用材料分为四种类型：钢框架、混凝土框架、木结构框架或混合结构框架等。

框架结构的水平方向仍然是楼板，楼板搭在梁上，梁支撑在两边的柱子上，这就把重量递给了柱子，沿着高度方向传到基础的部分，即梁、板、柱构成的承重体系。框架结构的特点非常突出：所有的墙都不承重，仅起到围护和分隔作用。

5. 混合结构

混合结构在当代的建筑设计中极其常见，通常会利用材料的优点，而避免材料的缺点，如砖与混凝土同时使用，会利用混凝土的整体性补充砖的缺陷，而砖墙也会弥补混凝土的保温性能差等缺点。传统的木结构也常和砖结构相互混合使用，木结构框架形成基本的承重体系，砖结构作为围护的墙体增加房屋的热工性能，同时，轻型与重型两种材料的混合使用，会形成不同材料与质感的对比，增加空间的对比与趣味性（见图4-39）。

图4-39　轻型与重型材料的混合

4.4.2　构件的组合与连接

在建筑的构件以及不同材料的组合与连接上，我们主要从砌筑、夯筑、浇筑、焊接、搭接等不同类型方面进行说明。

1. 砌筑与夯筑

砌筑、夯筑是建造墙体的方法，我们主要探讨砌筑、夯筑的墙体与基础、屋面、楼板的关系。由于用作砌筑、夯筑的材料具有很强的抗压性与较弱的抗弯性，建造中墙体主要利用的是材料的抗压性能，所以屋顶、楼板与基础一般又会用其他材料，如混凝土和石头都可以作为砖墙或土墙的基础，而木头或混凝土板又可以作为屋面材料。

砌筑与夯筑由于材料本身的限制，一般需要将墙体保持在同一个水平面上，不同的水平面上的墙体最好采用其他方式进行分割，否则就会有拉裂的危险。墙体与墙体之间尽量以不同方向的连接保持其相互支撑。建筑的基础一般采用混凝土圈梁，墙体可以直接放置在基础上，屋面也可以直接放在顶圈梁上，形成层层叠压的效果。当建筑产生退台、二层时，可以用混凝土圈梁作为结构转换，当需要加强结构时，也可以用混凝土柱连接上下圈梁，强化结构的整体性。在传统建筑中，常采用木圈梁作为土墙或砖墙与屋顶结构之间的转化。

2. 浇筑

浇筑材料主要指现浇混凝土，由于混凝土结构具有良好的抗弯性能，所以在设计时主要考虑墙与楼板的刚性连接，以及梁柱的刚性连接。作为剪力墙与楼板，墙在 200 ~ 300mm 之间，板的厚度一般在 100 ~ 200mm，现浇混凝土悬挑板的悬挑距离一般小于 1.5m，楼板的跨度也可以达到 6m 以上。同时，还可以做整体浇筑的悬挑楼梯、悬挑平台等。混凝土墙上或板上的开洞也比较灵活，只要在合理的结构计算之内，都可以进行操作。混凝土框架结构，具有更大的灵活性，跨度也可以达到 10m 以上甚至更大的距离。

3. 焊接与搭接

搭接主要指木结构的梁柱连接方式（见图 4-40）。木结构的搭接方式除了传统的榫卯搭接、现代的钢木节点搭接外，还有井干式搭接。

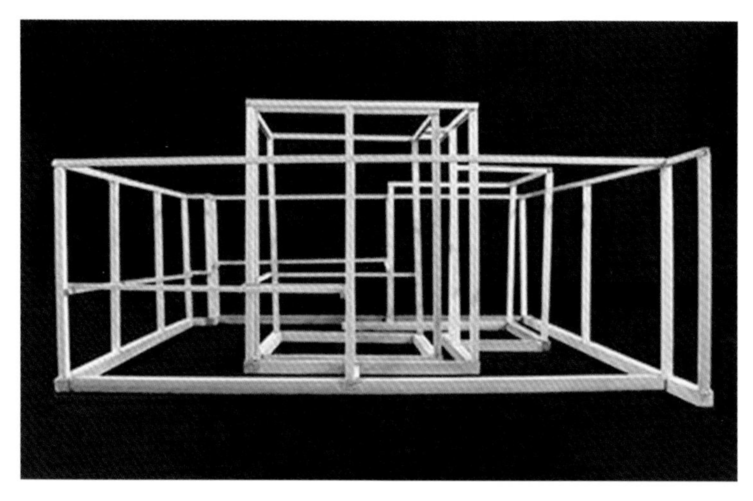

图 4-40　木框架搭接

井干式搭接是将原木进行粗加工后连接成长方形的框，然后逐层再制成墙体，再在其上面制作屋顶。

榫卯是在两个木构件上所采用的一种凹凸结合的连接方式。凸出部分叫榫（或榫头）；凹进部分叫卯（或榫眼、榫槽），榫卯咬合，起到连接作用。

当代常用的节点是钢木节点，就是钢片插入木材中后，再通过螺栓将其与木材固定，最后将钢片用螺栓固定，或者采用钢包木的方式完成节点的连接。该结构容易实现空间网架结构。

焊接主要是指钢结构的梁柱连接方式，钢结构也可以采用螺栓进行连接，连接后的梁柱节点为刚性节点，结构有较好的整体性。

由于焊接与搭接都属于框架结构，我们可以将其构造分解为支撑框架、连接构件、围护构件三部分，并探讨它们之间的组合关系（见图 4-41）。

支撑框架即主体结构，如木结构梁柱、混凝土结构梁柱、钢结构梁柱等。

图 4-41　支撑框架、连接构件、围护构件的组合

连接件即连接墙面、屋面与主体框架的构件，一般采用龙骨作为连接件，龙骨可以采用与框架相同的材料，也可以采用不同的材料，如钢龙骨、木龙骨、混凝土梁等。用哪种材料做龙骨都要视围护结构与框架结构的材料的情况而定。

围护件主要是轻型材料，仅起到围护和分隔空间的作用，一般用预制的加气混凝土板、玻璃幕墙、空心砖或多孔砖、石膏板等轻质板材等材料砌筑或装配而成。在建造材料中，由于尺度、材料属性的不同，它必须由若干块以及相应的连接构件组合而成。所以，一般情况都采用主次龙骨的方式，将围护件与框架结构连接起来。

第 5 章　场景营造与表达

5.1 场景营造

场景广泛存在于各个艺术领域，如绘画、诗歌、戏剧、电影等。绘画通过对场景的刻画表达某种氛围和意境，诗歌等文学作品通过对场景的描绘唤起读者想象力。戏剧和电影等视觉艺术中的场景指特定时间内，演员行为及舞台形成的整体氛围。不同于艺术场景，建筑领域中的场景泛指生活中的场面，由特定空间和人的行为构成。建筑师的任务是创造有意义的场所，而场景营造的目的，是让使用者通过场景感知场所精神。

5.1.1 场景与序列

1. 场景

场景是由固定要素、半固定要素和非固定要素构成。固定要素为建筑物和大型构筑物，既包括建筑的体量，也包括表皮、台基、屋顶等组成要素，这些要素很少发生变化，故被视为场景的固定要素。固定要素是场地的核心要素，从一定视角看，场景是因为这些固定要素而存在的。半固定要素则包括室外的界面材质、家具、植物、装饰和一些陈设等，这其中决定场景氛围的半固定要素可以被称为场景的主题要素（见图 5-1）。非固定元素包括人的活动、行为、穿着、发型以及交通工具和动物的行为等，这些要素都间接地影响场景意境的营造。

场景设计主要包括确定场景意向、营造场景要素和组织场景序列。场景意向可以是具体物质也可以是特定事件，其源于设计者以往的生活经验与空间意象。营造场景要素指通过对固定要素、半固定要素和非固定要素的设计与营造，实现场景氛围。组织场景序列是确定每个场景出现的次序，并按照一定的方式进行流线组织。如果只把场景视作静态的景观意向，势必丧失对整体情境的感知。所以，影响场景序列的设计因素除空间因素外，还包含时间因素。

图 5-1　场景与表达

2. 序列

在建筑中，人沿着流线方向行走就可以感受空间序列，而空间序列的创造是通过尺度的变化和材质变化以及光线的差异形成一系列明暗迥异、各具特征的空间。而空间的开合、尺度的变化、形状的改变都会影响到空间序列及其空间氛围。空间的序列可以分为序曲、过渡、高潮、结尾等类型的空间，并可以根据不同的空间营造不同的场景与意境。序列不仅仅是指不同空间之间的关系，也可以是同一空间中各个要素间的关系。在序列空间中，利用光线的明暗变化，不但加强了空间原有的秩序感，而且使人在前行运动中感受到空间的丰富。通过控制空间的序列与节奏，可以创造出具有变化与韵律感的空间（见图 5-2）。

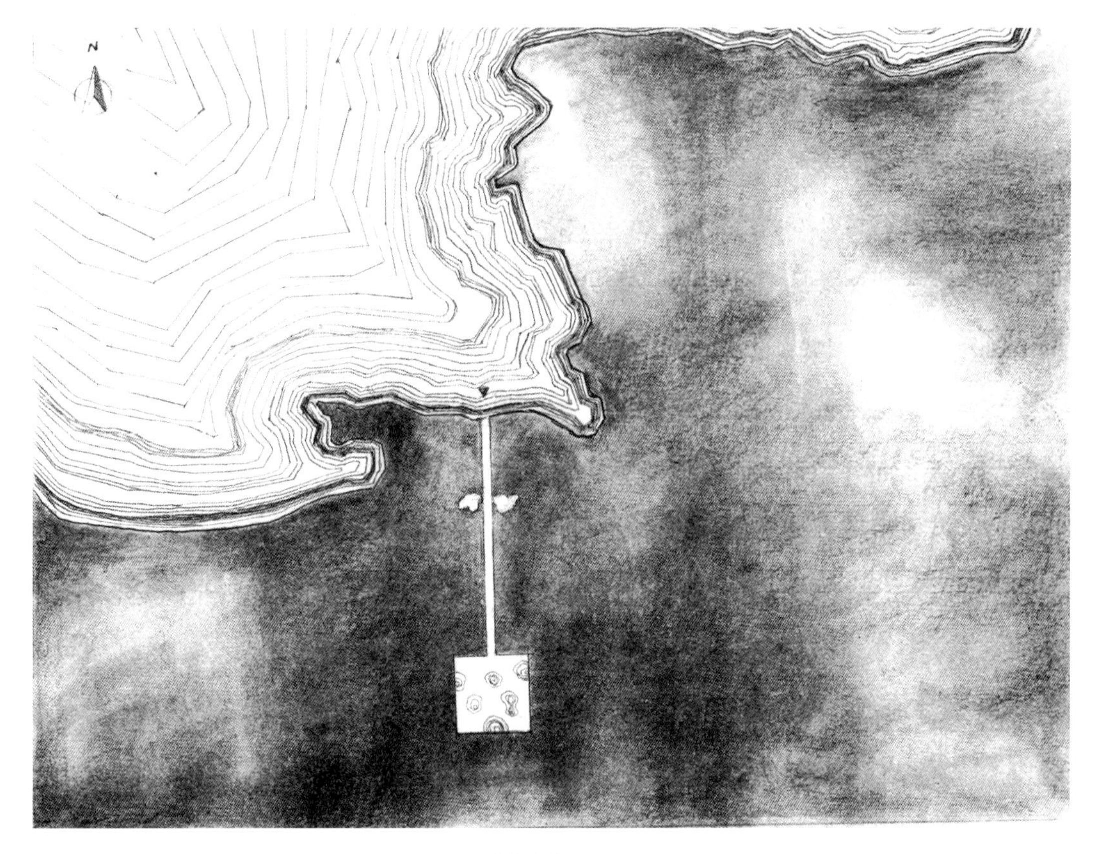

图 5-2　“蚁穴”——总平面图

如下面的设计方案，外部规整而内部是自然形态，通过从体块中掏挖的方式形成反向空间。深深嵌入的斜坡形成了一种引入式的前奏空间，以长桥通入建筑，更给人一种全新的入口体验（见图 5-3 和图 5-4）。

设计还可以通过控制空间的开合、尺度的变化以及光线的变化形成一系列明暗迥异、各具特征的空间。并以剖面透视的方式把建筑内部空间与外部空间一起进行整体的表达（见图 5-5）。

该设计在空间的序列中对于序幕、过渡、高潮、结尾等类型的空间进行组织与塑造，并根据不同的空间营造不同的场景与意境（见图 5-6）。

图 5-3 “蚁穴”——立面图

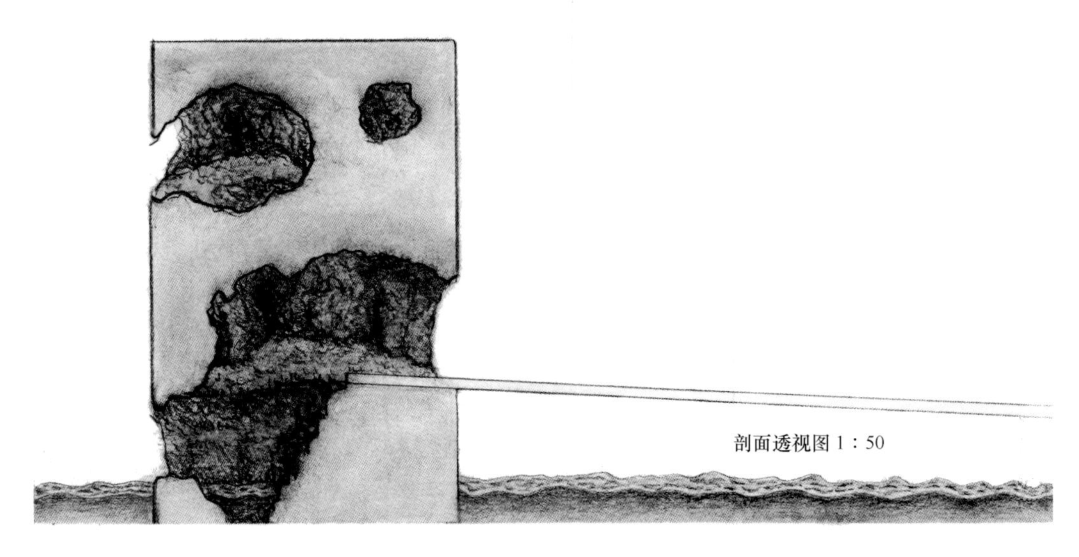

图 5-4 “蚁穴”——剖面透视图

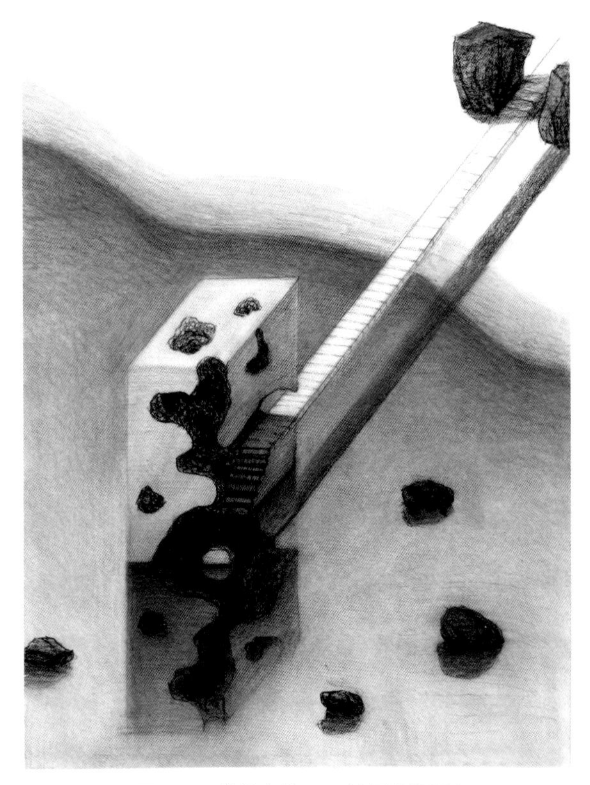

图 5-5　“蚁穴”——轴测剖面图

图 5-6　“蚁穴”——室内透视图

5.1.2 场景与材质

当代的建筑设计，已经逐渐从重视建筑的功能向探索建筑空间迈进，但通常对于建筑空间的认知也仅仅简单的停留在视觉层面，这种对于空间过度重视的态度忽视了建筑的实体部分——材料及其建构的研究，同时也忽略了材料对于场景塑造的重要性。由于材料与建造始终处于一种相对缺席的状态，而现代建筑的空间观念也始终没有得到充分的发展。在以空间为核心的建筑里，材料只具有附属性和工具性的意义。凸显的是建筑的几何性，而不是材料性。这一意义上的空间是抽象的，而不是具体的、可感可触的。它调动的是视觉性对于尺度的感受和对于抽象几何关系的把握，而非全部的身体性的综合知觉。法国哲学家梅洛·庞蒂强调他自己只有用“整个身体来感知”，才能体会到一种独特的事物结构和存在方式。其说明建筑的知觉并非是单一的视觉，或者是视觉、触觉和听觉的简单叠加，而是一种综合的感官交互。所以，要凸显材料在空间中的主体地位，就必须表达材料的真实特性（见图5-7）。

图5-7 场景的真实性

材料的魅力不仅仅只在视觉和触觉方面有体现，还有冷暖的温度感受。每种材料都由其各自独特的表现力，不同的材质、颜色、质感等都给人以不同的感受，比如钢材表现出坚硬、冰冷和技术感，而木材则显得温暖柔和，贴近大自然（见图5-8）。

此外，通过光线来表达材料的透光性、材质感也是表达材料的空间属性的重要手段之一。所以，在空间设计与材料研究中，光线进入的角度与方式也成了最重要的研究命题。普通的建筑模型中，由于材料缺少应有的厚度以及真实的反光度、质感、色彩度等，场景的真实性被大打折扣，而在真实材料介入模型后，场景的真实性也大大提高，进而激发了设计者的空间感知与设计热情。

材料本身就是空间要素中最为重要的组成部分，但材料所体现的空间感，不能被单一的

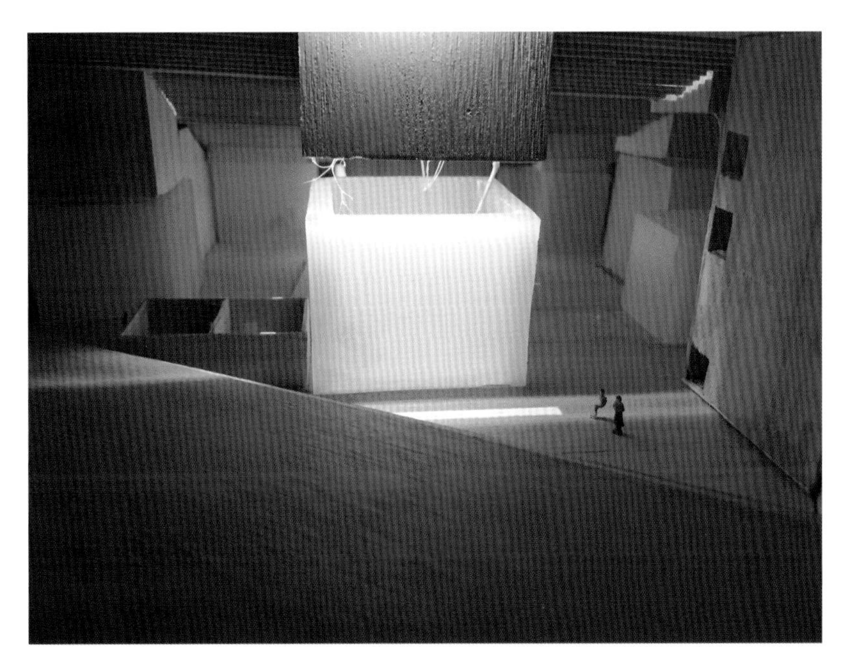

图 5-8　木材与石蜡模型

视觉体验所描述，它需要“整体的身体来感知”。所以，在建筑设计的初期，就引入对于真实材质的认知，并以一种建造的方式去接近真实的建筑设计，对于设计的初学者会有巨大的启发，同时会赋予其更多的创造力。

5.1.3　场景与光线

光是界定空间的基本要素之一，在建筑中引入自然光可以满足空间的功能要求和艺术要求，通过采光设计把自然光引入到建筑空间，可以创造出丰富的建筑空间和造型效果。建筑最终打动人的是它所铸造的场所和精神，光正是表达这种精神的语言，光以不同的方式穿过建筑，进入内部空间，在被建筑改变的同时，也以自身独特的语言塑造了空间的性格，形成了各种不同的空间气氛。光线可以界定空间、表现材质、渲染特定的空间氛围，塑造出不同的空间性格，并使物质空间体现出场所精神（见图 5-9）。路易斯·康这样来概括两者之间的关系——设计空间就是设计光。光的到达将空间展示在我们面前，同时还对空间进行了二次创造和再组织。正如斯蒂文·霍尔所说：“光的不同入射方式，光产生的阴和影，光的透射、折射和反射以及光的透明、半透明、不透明状态结合在一起，对空间进行了定义和再定义。光使空间产生了变化，形成了一种不确定的状态。光使人在感觉和实存之间产生了一种暂时性的联系。”光线参与了空间的创造和再组合。建筑师安藤忠雄也认为：“建筑空间的创造即是对光之力量的纯化和浓缩。”这些都可以看出光在空间中的重要作用。

1. 光线的引入

光线引入室内的方式很多，采用不同的开窗方式，就会有不同的光照效果，常用的开窗方式有侧窗和天窗。还有利用漫反射光、透射光以及多次反射光等引入方式（见图 5-10）。

1）侧窗的采光：侧窗分为高侧窗采光或低侧窗采光。高侧窗采光即通过墙面上高处的窗

图 5-9　光与场所精神

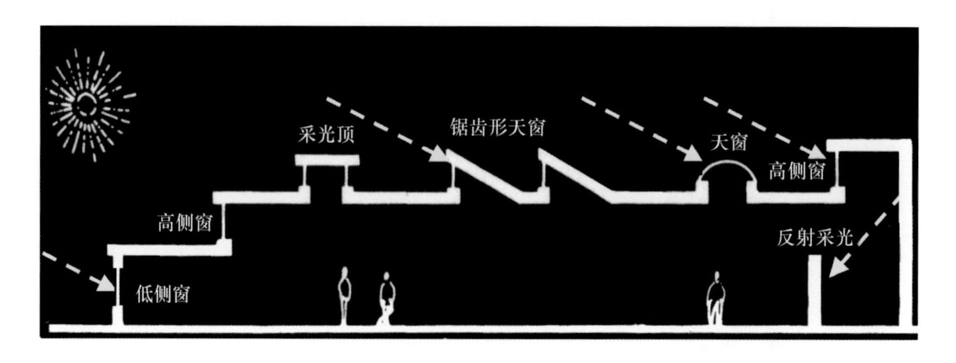

图 5-10　开窗与采光设计

户采光，可以在室内得到较为均匀的光线。利用低侧窗采光时，近处照度很高，往里则迅速下降（见图 5-10）。

2）天窗的采光：天窗有矩形天窗、横向天窗和锯齿形天窗、平天窗等类型。平天窗由于不需安装天窗架，简化结构。平天窗采光效率高，而且更易获得均匀的照度，但开窗面积不宜过大。矩形天窗、横向天窗和锯齿形天窗相当于安装在屋顶上的高侧窗，它们的光特性与高侧窗相似。

3）反射采光：利用反光板、墙壁、顶棚等周围物体表面反射后再照射到室内的方式称为反射采光。建筑中通常利用反射的方式柔化引入室内的光线。此外，还有采用多层半透光材料弱化直射光，获得整体柔和的漫射光的采光方式。

2. 光线的射出

除考虑光线进入室内的效果外，还要考虑光线射出的效果，尤其是夜晚建筑的光效。一般采用半透明材料做立面会获得较好的夜景效果，还有采用半透明材料与网架等材料叠加的方式，可以弱化直射光，获得整体柔和的漫射光（见图 5-11 和图 5-12）。光线的设计对场

图 5-11　光与建筑表皮系列 1

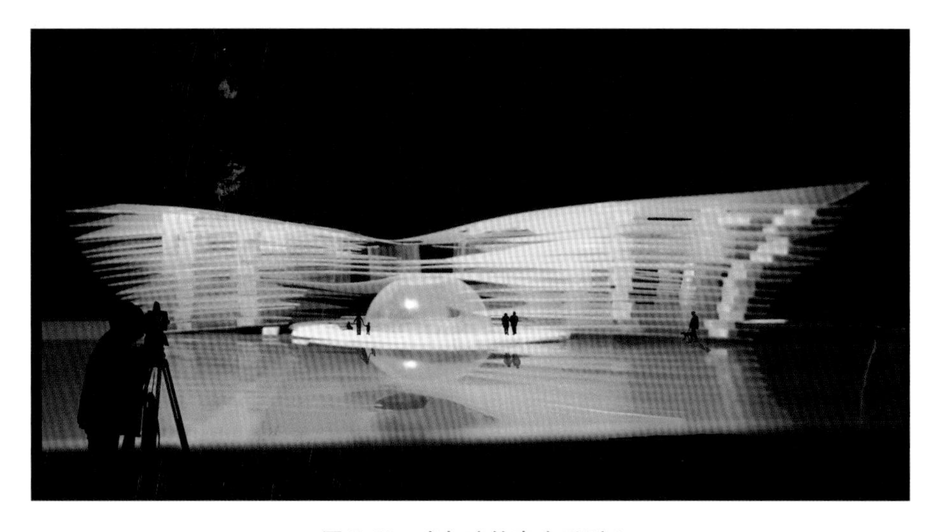

图 5-12　光与建筑表皮系列 2

景营造相当重要，而通过对模型场景的营造、打光、拍照，学生可以更加直观和具有想象力地完成图纸的表现。

在建筑中好的光线设计可以更好地渲染场景和展示建筑内部空间与外部形体，尤其是光从建筑内部向外投射可以很好地模拟建筑夜晚的场景。异形建筑或者数字化建筑，更需要对建筑环境中的光线进行利用，以强调其曲线及表皮的肌理。

5.2 设计与表达

表达在设计作品中占了很重的比例，往往一个好的作品，会因为表达的不到位而无法获得别人的认可，通常所说的表达，包括很多方面的内容，如模型表达、绘图表达、语言表达等，都是最终成果的重要组成部分。为了能更清晰地理解如何在最终环节让自己的作品更好地展示出来，本节主要通过在环境、空间、材料、建造四个环节的模型表达和图纸表达来说明该问题。

5.2.1 环境表达

环境是场景营造中最重要的环节，体现着建筑与环境的关系，也表达了设计者对于建筑与环境的基本态度与对环境做出的回应。环境表达主要是对环境与建筑关系的表达，尤其是对环境中的树木、水面、坡地等的表达。

在图纸表达时，需要处理好图底关系，并将环境与建筑作明显的区分，树木与水面、坡地都要以尽量抽象的方式进行表达（见图 5-13 ~ 图 5-15）。

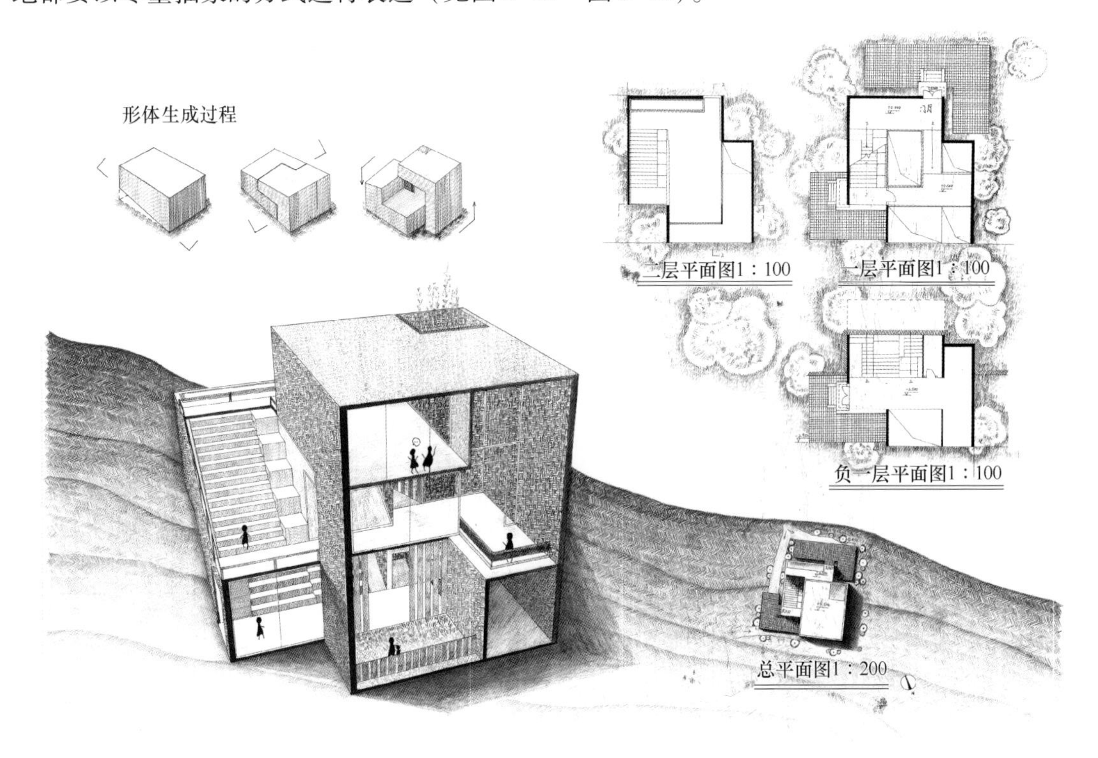

图 5-13 坡地轴剖图表达

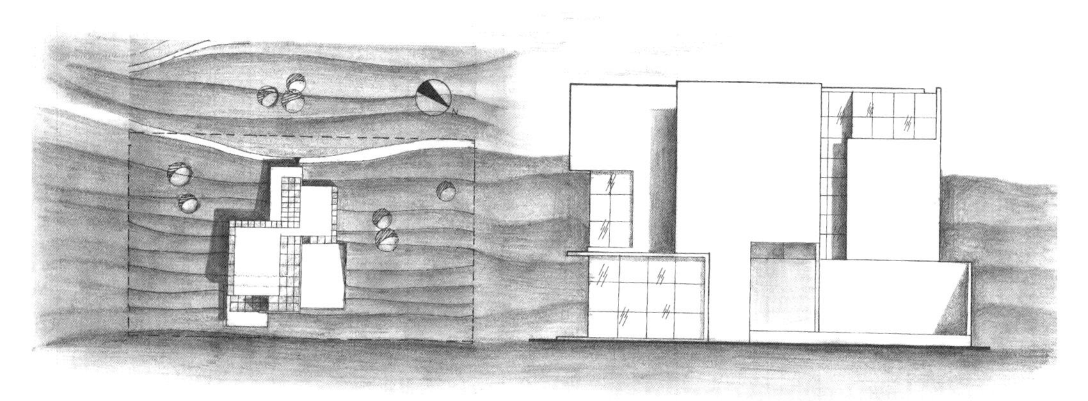

图5-14 坡地总平面/立面表达

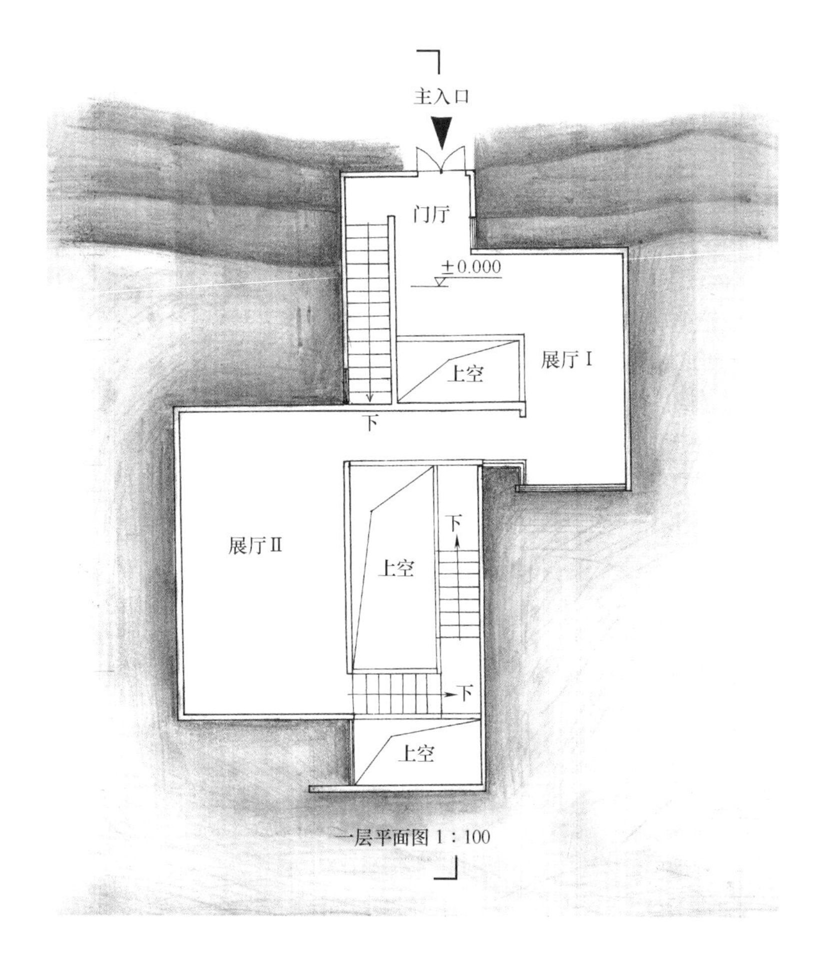

图5-15 坡地平面图表达

5.2.2 空间表达

空间可以从二维或三维角度去进行描述，一般三维场景的表达方法有：透视图（见图5-16）、轴测图，还有剖透视的表达，剖透视就是从横剖面或纵剖面的位置将建筑剖解开，然后以剖面为基础向内画透视线，形成既有剖面表达，又有空间透视表达的图，这样的模型与图样可以很清楚地表达空间变化以及流线上的空间关系。

图 5-16 坡地透视图表达

剖透视还可以表达构造做法、空间关系、人与建筑发生关系的过程，是真正能够渗透到建筑内部本质的一种表达手法。除了剖面图可以画成透视图外，轴测图也可以画为透视图，还可以画成剖面展开图，这种画法不仅可以表达出建筑自身的体积关系，还有场地与建筑的关系，以及室内与室外的关系，是一种表现力极强的建筑图（见图 5-17 ~ 图 5-20）。

剖透视除了可以构造与空间关系外，还可以表达出空间场景及其意境。如图 5-21 所示，其将外界环境中的树、水与建筑的关系，坡地与建筑的关系，基础与地面的关系，以及阳光在室内的投射关系，全都清晰地表达出来。

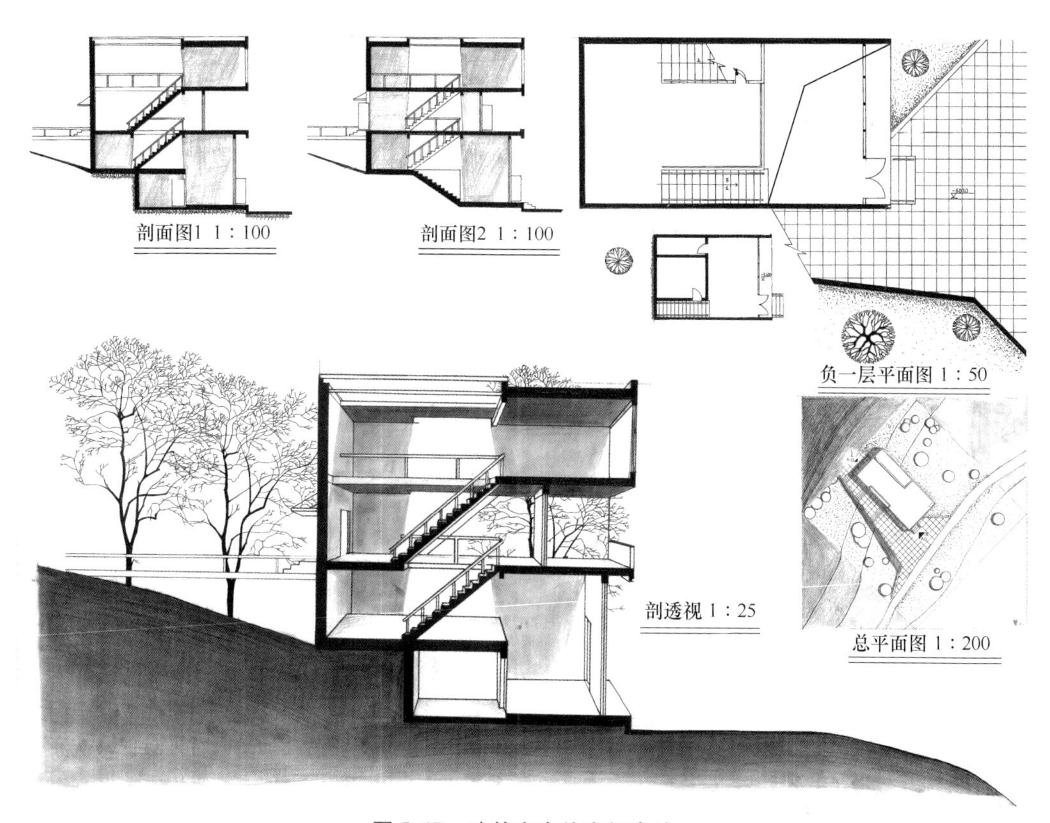

图 5-17　建筑室内外空间表达

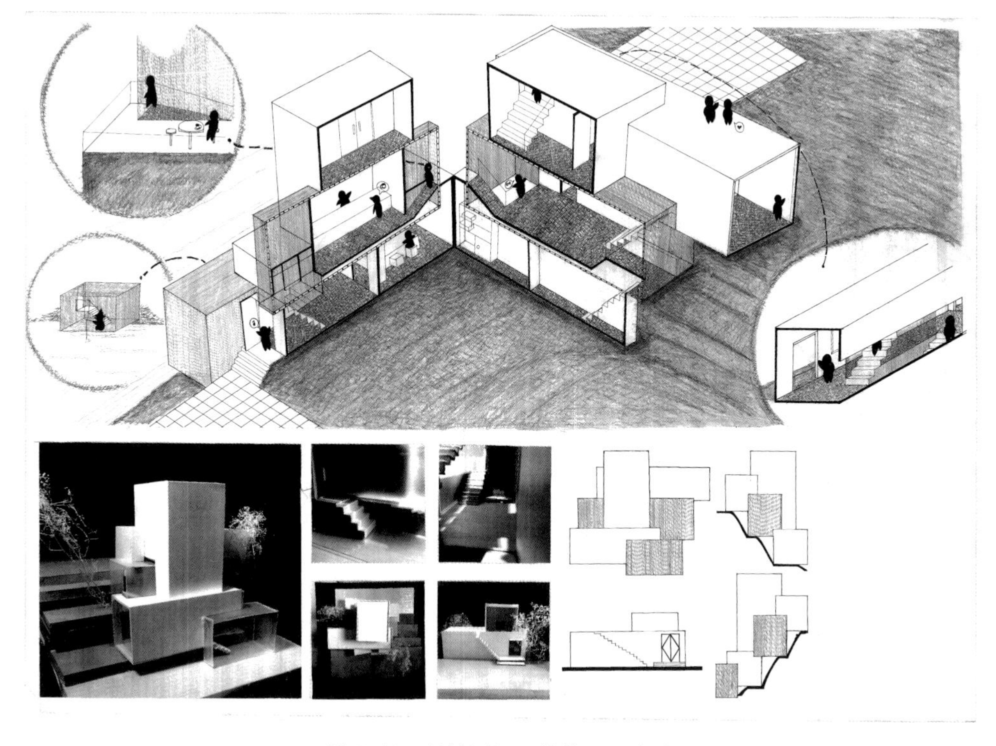

图 5-18　剖轴测与环境的展开表达

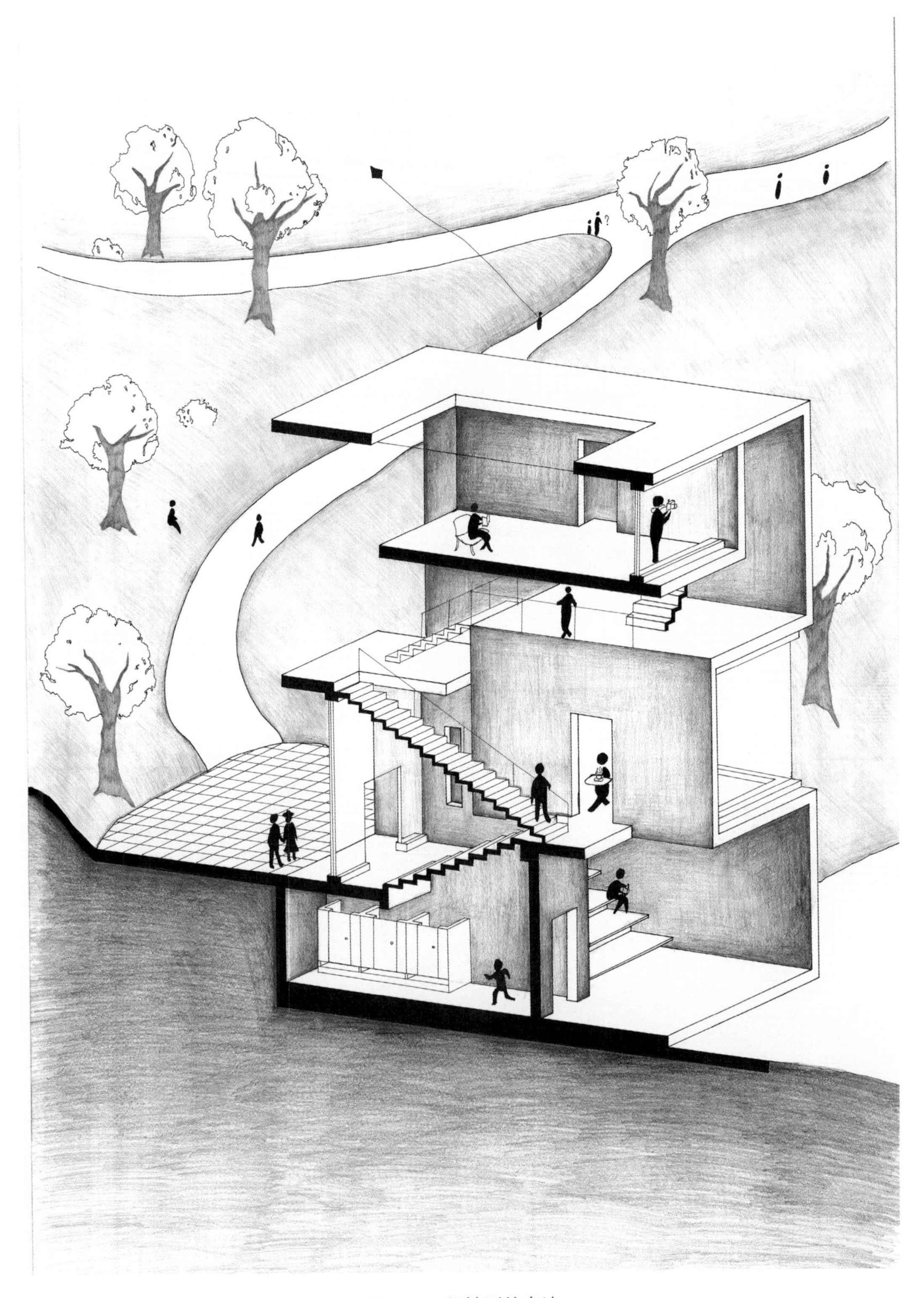

图 5-19　剖轴测的表达

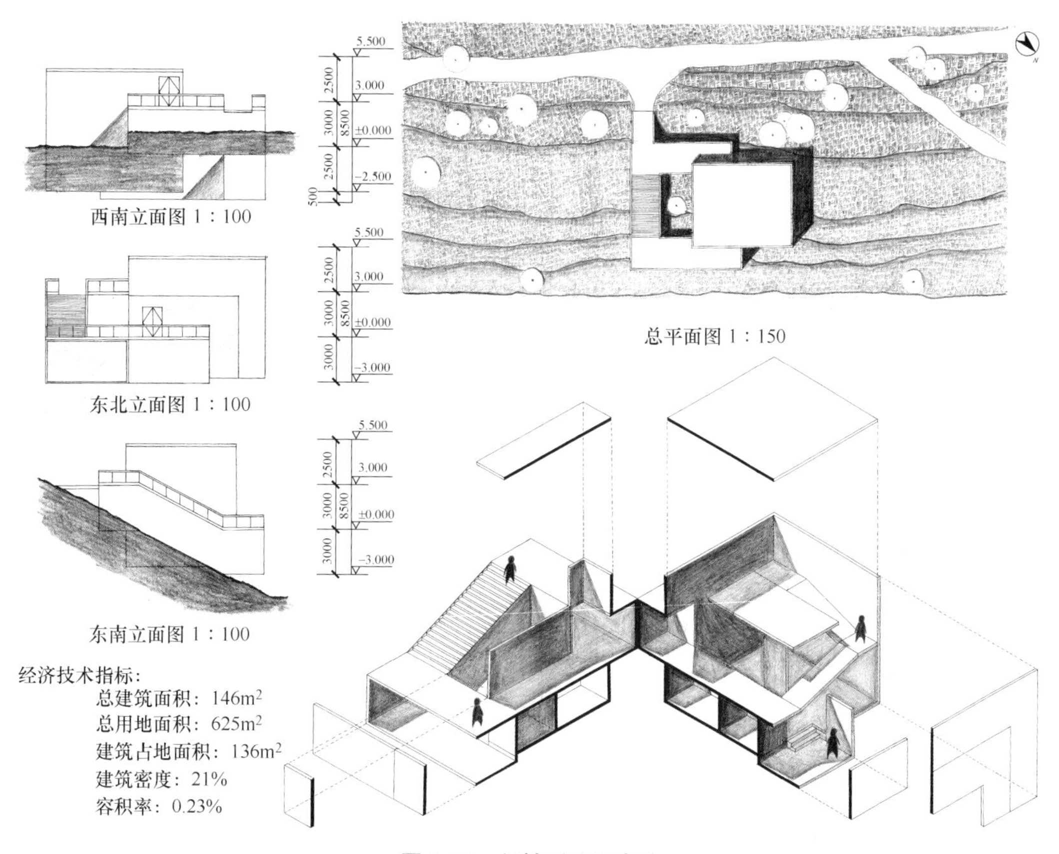

图5-20　剖轴测展开表达

图5-21　建筑剖透视

5.2.3 材料表达

空间的表达往往伴随着材料质感的缺失，如何将材料的属性与质感深化于空间，这是本节所要探索的课题，一般设计中所接触的材料有水泥、土、砖、木等，其都有自身鲜明的材料特色和肌理。

通常，材料本身就是空间要素中最为重要的组成部分，但材料所体现的空间感，不能被单一的视觉体验所描述，它需要“整体的身体来感知”。所以，在建筑设计的初期，就引入对于建筑材料的认知，并以一种建构的方式去接近真实的建筑设计，采用建筑材料进行1∶20～1∶30的模拟建造研究，通过对建筑材料的研究，运用木材、水泥、土等材料来制作模型，模拟建筑的建造逻辑和材料组合逻辑，其不仅仅将模型作为表现形式，更是重要的设计方法和体验手段，并从建筑材料的属性与构造特点等方面体会建筑设计与施工的方法。对于设计的初学者会有很大的启发，同时会赋予其更多的创造力（见图5-22和图5-23）。

图5-22 “砖·券”模型

如图5-24所示的设计采用砖作为材料，拱券为主要结构。建筑由长桥和筒形建筑主体组合而成，并与场地有机地融合在一起，同时，通过桥的拱券将河景与隔岸的塔取景入室。从坡顶的长桥可以进入建筑内部。长桥从建筑中一直延伸到河边。建筑主体内部有沿墙壁向下的旋转楼梯，可下至底部（见图5-25）。

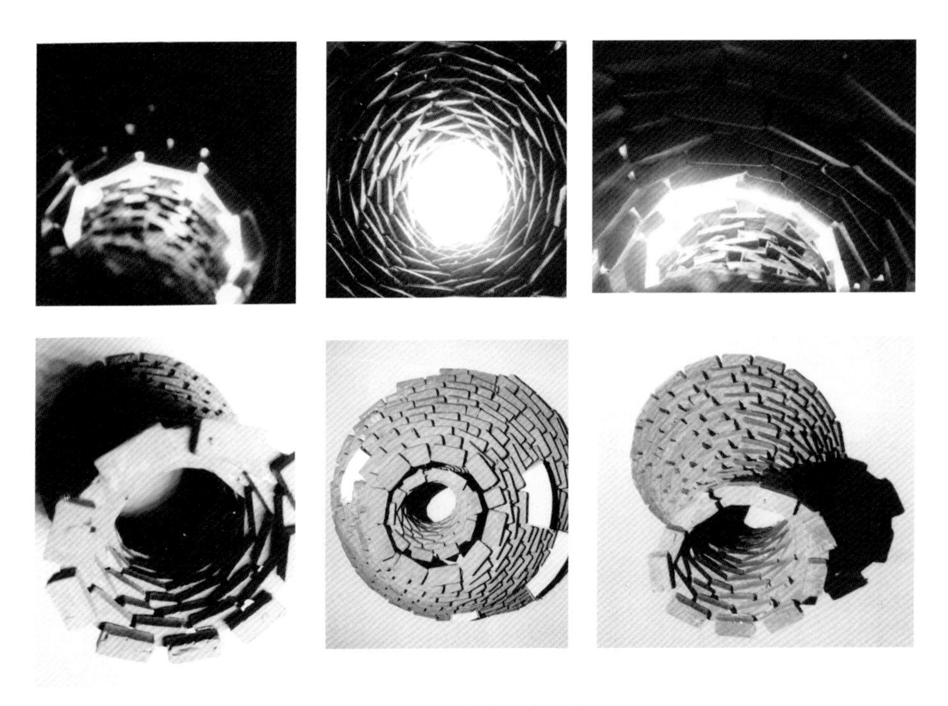

图 5-23　“砖 · 穹顶”

图 5-24　“砖 · 券”室内透视

图 5-25　“砖 · 券”轴测图表达

再如该方案，采用混凝土作为主要的建构材料，通过利用混凝土悬挑的力学特点，将两个U形体块通过连桥连接在一起，水泥粗糙的质感以及被水侵蚀的屋檐，加上波光粼粼的水面，高空投射的光线，以及孤独的人物，营造了一个极具场景感与意境感的画面（见图5-26）。

图5-26　混凝土构筑物的场景表达

5.2.4　建造表达

建造本身常常被认为知识难度过高，且在建筑设计低年级课程中往往被忽略，但是国外很多建筑院校尤其是以苏黎世为代表的学校，在低年级中就加入建造课程，将空间、材料、建造作为一个整体进行课程传授。其实，在低年级设计课程中，简化功能性问题而强调空间的建造等问题，更有助于理解真实的建筑，而让其设计方法具有可操作性。所以，在这个环节中，除了探讨节点的设计，材料的构造方式，材料的力学性质外，还需要探讨建筑如何一步步地建造的问题，让学生理解更加真实的建造。一般建造主要有以下的几类方式（见表5-1）。

（1）浇筑方式：混凝土

建造要点：主要考虑配筋、水灰比等，该结构容易实现悬挑等结构方式。

（2）夯筑方式：土

建造要点：主要考虑分层夯筑及区分层次关系。该结构容易实现小跨度的筒体的结构方式。

（3）砌筑方式：砖

建造要点：主要考虑砖的力学性质与节点连接方式，砖最容易实现的建造方式是曲墙、拱券、穹顶结构。

表 5-1

土 的 建 造	砖 的 建 造 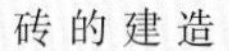

木 的 建 造	混凝土的建造

（4）搭接方式：木

建造要点：由于木结构属于框架结构，作为其围护结构的木材不作为主要的承重构件，但往往又存在自身的材料建造特点。所以，在木框架结构中，主要探讨墙体、楼板、屋面板与木框架的连接。

建造的表达，往往通过剖透视图、三维轴测图、节点构造图来表达，剖透视图既可以表达内部的空间感，还可以反映空间、结构，甚至构造特征、建造的层次等。此外，空间结构图与结构生成图等方式也可以直接体现出建造的步骤以及结构的关系。

如图 5-27 所示的案例，建筑位于坡地之上，设计者采用极简的几何形体，以方形地面、圆形墙体，对这一地形景观直接回应。设计中夯土墙既作承重的墙体，又作围护结构，夯土层之间的横向纹理富有材料的质感，并获得了丰富的光影效果。建筑顶部的圆形天井空间，将自然引入庭院，树木、天空映入庭院底部池中，形成一个封闭的禅意世界。设计中建筑的墙体采用生土作为材料，地圈梁和顶圈梁以混凝土作为材料进行营建，并以钢和玻璃做楼梯与栏杆。钢和玻璃组成的螺旋坡道从顶部平台引入，环绕建筑内部两圈，一览无余的玻璃幕墙与四周浓密的树林相互交融（见图 5-28）。

图 5-27 “方圆”——夯筑与浇筑模型

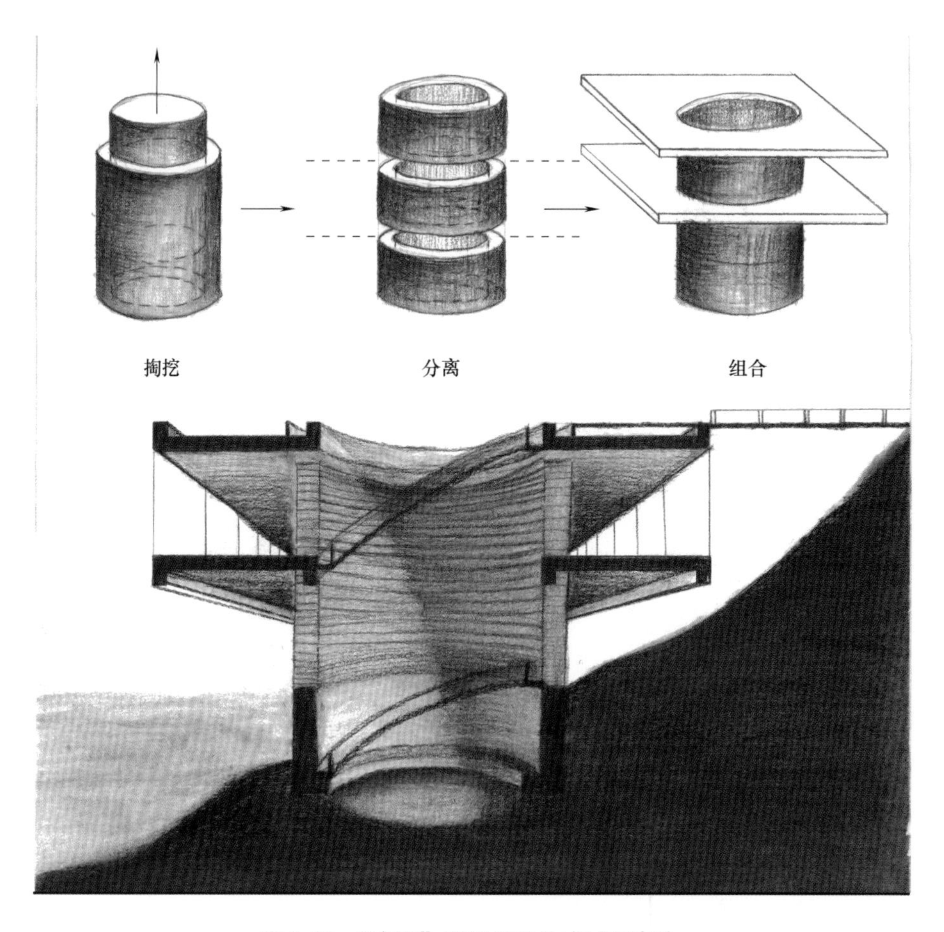

图 5-28 “方圆”剖透视及生成过程表达

设计方案还对建筑的整体施工建造过程进行分析，对于模板的拼接方式，以及土的夯筑方式进行图示。在结构设计中，建筑通过圈梁将楼板的水平向荷载转移给竖向的夯土墙，最终传递给建筑底部的混凝土基座，同时对钢结构螺旋楼梯做了独立基础进行支撑（见图 5-29）。

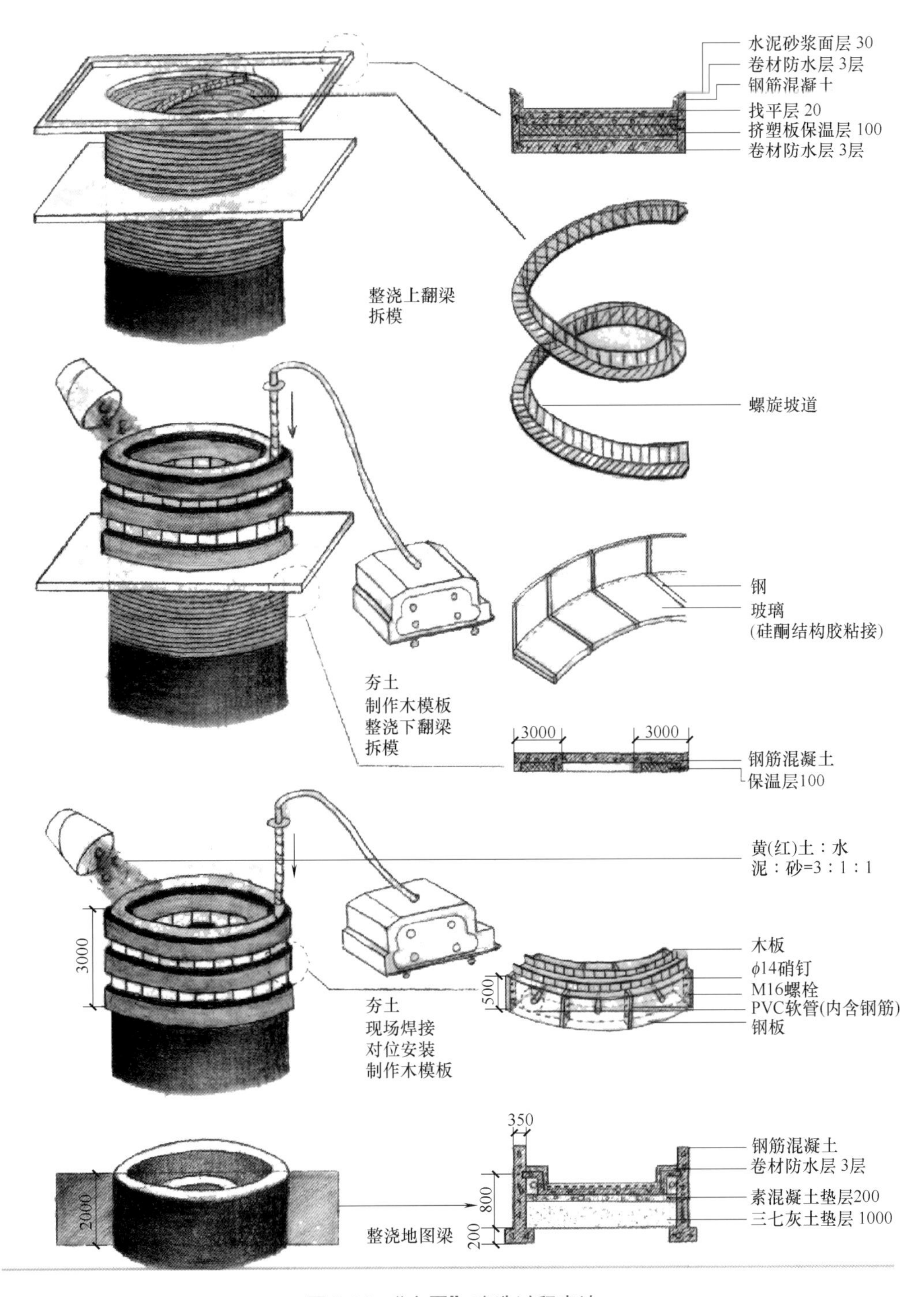

图 5-29　“方圆”建造过程表达

再如图 5-30 所示的案例，建筑以钢木结构进行营建。钢木结构是指运用钢结构和木结构相互组合的方式建造构筑物的结构体系。这种结构体系比传统的木结构体系更加坚固耐用，又比现代的纯钢结构更丰富多彩。设计者不仅对钢木结构节点的交接形式进行了研究，还对钢材和木材结合的细部节点构造进行了独特的设计。

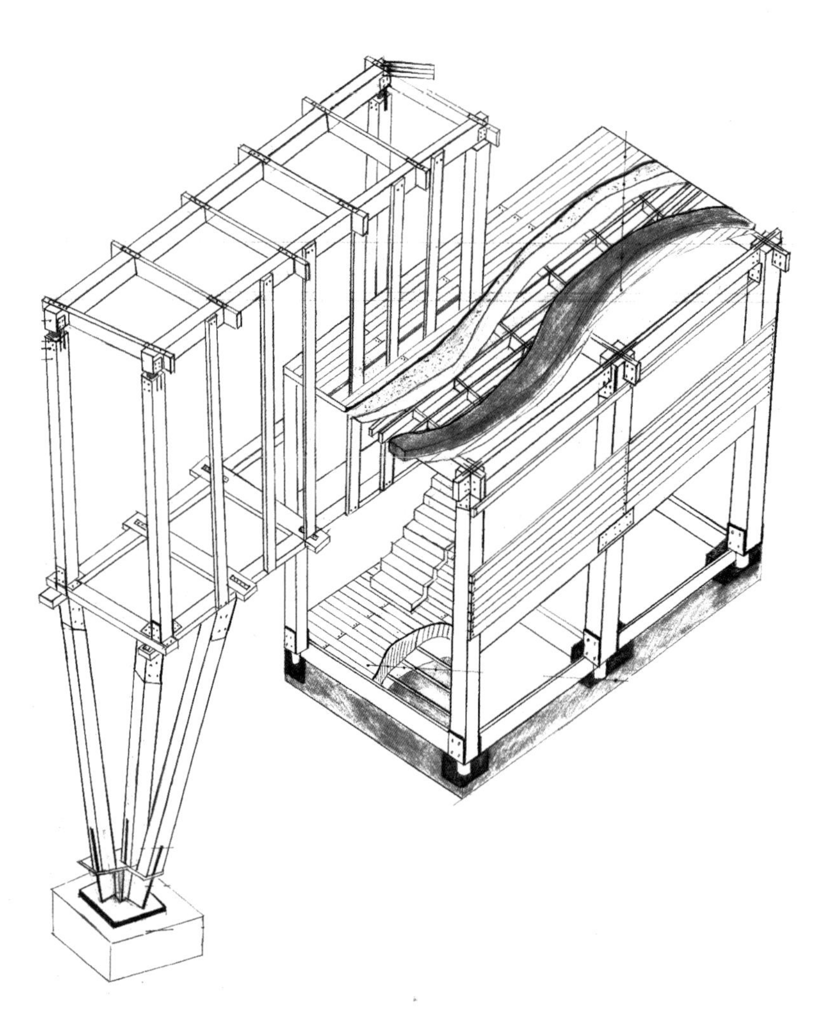

图 5-30 木结构建筑节点与构造关系

后　记

弗兰姆普敦在十九世纪德语区建筑理论成果的基础上，发展出了当代建构理论，在《建构文化的研究：论19世纪和20世纪建筑中的建造诗学》中将“建构”解释为“诗意的建造”，“空间与材料”可以被认为是建筑最基本的两个要素，二者之间互为依托的关系。当代西方建筑正在以材料的关注来扭转空间霸权，材料已日渐成为建筑学讨论的核心议题，对空间和材料的一体化操作使得材料的研究有可能真正地“丰富和调和对于空间的优先考虑”。而香港中文大学顾大庆教授以“建筑 = 材料 + 建造──→空间”的公式来表达对于建筑基本问题的看法，其认为建筑是以空间为目的、以材料和建造为手段的。

所以，当代的建筑设计课程，首先，要关注于空间的设计，通过让学生学习一系列关于空间操作的方法，掌握空间与形体的关系以及空间生成的基本规律，并通过对空间的操作来实现建筑空间对功能的响应，最终尝试建立空间和形态的多样统一。其次，还要在重视对材料与空间关系研究的基础上，以材料来丰富空间的创造。

此外，还需要让建筑模型作为建筑设计课程的重要工具，并让真实材料在建筑模型教学中广泛地应用。通过运用真实材料且以建筑模型来模拟建造，并从光影、材料、构造等方面完善建筑设计，对于建筑学低年级的课程中认识建筑的本质，有着至关重要的意义。同时，也可以让学生对于建构本身建立更深刻的理解。在建筑设计课程中，通过对材料的熟练掌握与运用，最后达到空间与材料的共同认知，并激发其空间想象力和创造力，为将来的学习打下坚实的基础。

建筑设计的过程是一个系统性、逻辑性的思考过程，对于建筑空间设计方法的应用以及建筑模型的模拟建造，可以让学生在设计初级阶段就学习到空间生成与操作的方法，并训练他们的理性思考能力，认识到环境、材料、建造对于空间营造的重要意义，这对于学生在高年级建筑设计课程中的学习也具有重要意义。

编　者

参考文献

[1] 吉迪恩. 空间、时间、建筑：一个新传统的成长 [M]. 王锦堂，孙全文，译. 武汉：华中科技大学出版社，2014.

[2] 赛维. 建筑空间论：如何品评建筑 [M]. 张似赞，译. 北京：中国建筑工业出版社，2006.

[3] 诺伯舒兹. 场所精神：迈向建筑现象学 [M]. 施植明，译. 武汉：华中科技大学出版社，2010.

[4] 弗兰姆普敦. 建构文化研究：论19世纪和20世纪建筑中的建造诗学 [M]. 王骏阳，译. 北京：中国建筑工业出版社，2007.

[5] 顾大庆，柏庭卫. 建筑设计入门 [M]. 北京：中国建筑工业出版社，2010.

[6] 顾大庆. 空间、建构与设计 [M]. 北京：中国建筑工业出版社，2011.

[7] 巴克. 建筑设计方略：形式的分析 [M]. 王玮，张宝林，王丽娟，译. 北京：知识产权出版社，2012.

[8] 卢本. 设计与分析 [M]. 林尹星，薛皓东，译. 天津：天津大学出版社，2010.

[9] 克拉克，波斯. 世界建筑大师名作图析 [M]. 卢健松，包志禹，译. 北京：中国建筑工业出版社，2016.

[10] 芦原义信. 外部空间设计 [M]. 尹培桐，译. 南京：江苏凤凰文艺出版社，2017.

[11] 培根. 城市设计 [M]. 黄富厢，朱琪，译. 北京：中国建筑工业出版社，2003.

[12] 布鲁姆，摩尔. 身体，记忆与建筑 [M]. 成朝晖，译. 杭州：中国美术学院出版社，2008.

[13] 朱雷. 空间操作：现代建筑空间设计及教学研究的基础与反思 [M]. 南京：东南大学出版社，2010.

[14] 张嵩. 建筑设计基础 [M]. 南京：东南大学出版社，2015.

[15] 程大锦. 建筑：形式、空间和秩序 [M]. 天津：天津大学出版社，2005.